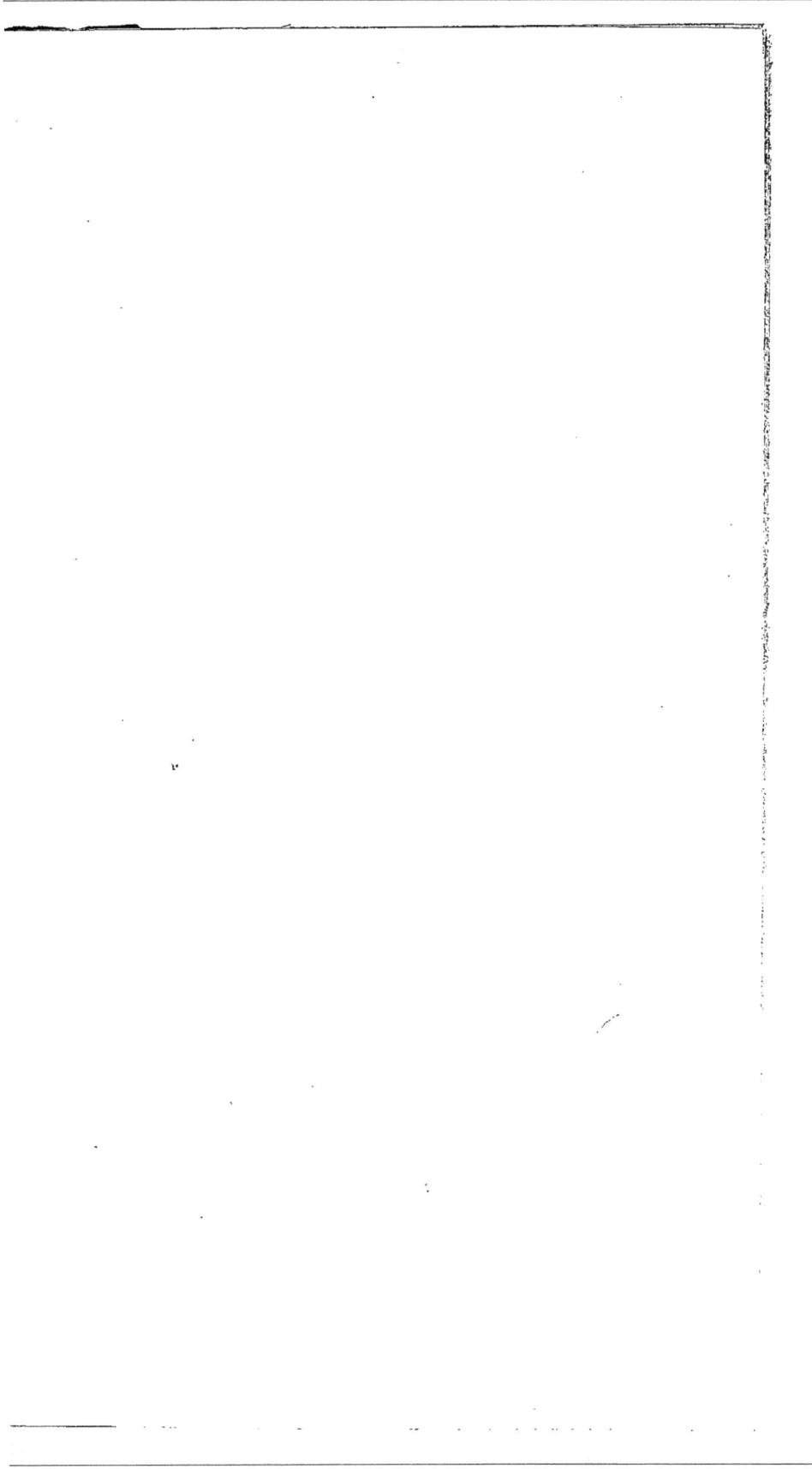

COURS

D'ARITHMÉTIQUE.

Je déclare contrefait tout exemplaire qui ne sera pas revêtu de ma signature.

COURS
D'ARITHMÉTIQUE,

RENDU TRÈS-FACILE,

PAR DEMANDES ET PAR RÉPONSES,

A L'USAGE

DES JEUNES GENS
Qui se destinent au Commerce;

SUIVI

D'un grand nombre de Questions fort curieuses et très-récréatives, de Modèles de Pétitions, Quittances, Baux, Mémoires, Factures, Lettres de Voiture, Billets à Ordre, Lettres de Change, Lettres de Commerce;

PAR H. BRET, MAITRE DE PENSION,

A St.-HIPPOLYTE (Gard).

A MONTPELLIER,
DE L'IMPRIMERIE DE X. JULLIEN, PLACE LOUIS XVI,

1830.

PRÉFACE.

L'ARITHMÉTIQUE est, sans contredit, une science très-nécessaire, et même indispensable à toutes les classes de la Société. C'est elle qui forme la raison et le jugement, qui, fixant l'attention, étend les facultés de l'esprit. C'est à elle qu'il faut avoir recours dans presque toutes les affaires de la vie.

Ne conviendra-t-on pas avec moi, que, de tous les raisonnemens abstraits, ceux qui se font par le moyen de cette science, sont les plus aisés, et par conséquent, les premiers auxquels l'esprit des jeunes gens s'attache le plus facilement ?

Il est donc très-important d'y exercer les enfans, aussitôt que leur entendement le permet; mais pour qu'ils y prennent du goût et du plaisir en même temps, il leur faut une méthode simple et facile, par le moyen de laquelle on puisse leur démontrer, d'une manière très-claire, cette intéressante partie de leur éducation.

Je suis presque convaincu qu'en publiant le fruit de mes veilles, la jeunesse trouvera dans mon ouvrage toute la clarté qu'il faut pour concevoir toutes les opérations qu'il renferme.

Voici le plan sur lequel a été composée cette Arithmétique : après les simples règles, Addition, Soustraction, Multiplication et Division, j'expose une méthode très-intelligible pour opérer facilement toutes les règles par des nombres fractionnaires. Ensuite, je donne le nom des monnaies, mesures et poids d'après le nouveau système, ainsi que la connaissance du calcul décimal. De là, je passe sucessivement aux quatre premières règles composées, qui sont suivies des principes de la règle de trois simple, droite, inverse, double et composée, pour donner les moyens d'exécuter habilement les règles de société, d'intérêt, d'escompte, de tare, de change, etc. Viennent ensuite les démonstrations des règles de mélange, des règles conjointes, des racines carrées et cubiques, des règles de fausse position, d'un grand nombre de questions fort curieuses et très-récréatives.

Enfin, je termine par des modèles de Pétitions, Quittances, Baux, Mémoires, Factures, Lettres de voiture, Billets à ordre, Lettres de change, Lettres de commerce.

Voilà en raccourci ce que contient cet ouvrage que j'ai cru devoir mettre au jour, dans le but de me rendre utile ; si le Public accueille mon travail, je regarde comme un devoir de lui en rapporter le succès.

COURS
D'ARITHMÉTIQUE.

DÉFINITIONS PRÉLIMINAIRES.

D. Qu'est-ce que l'Arithmétique ?

R. L'Arithmétique est la science des nombres.

Qu'est-ce qu'un nombre?

Un nombre est une quantité de plusieurs unités.

Qu'entendez-vous par quantité?

J'entends par quantité, tout ce qui est susceptible d'être augmenté ou diminué : tels sont les poids, l'étendue, etc.

Qu'est-ce que l'unité ?

L'unité est une des choses que l'on compte. Ainsi, si l'on dit vingt-deux mètres, le mètre est ici l'unité.

Combien distingue-t-on de sortes de nombres ?

On en distingue de sept sortes;

Désignez-les ?

Nombre simple , nombre composé, nombre concret , nombre abstrait, nombre incomplexe, nombre complexe , nombre fractionnaire.

Qu'entendez-vous par nombre simple ?

J'entends par nombre simple , celui qui n'est composé que d'un seul chiffre, tel que 4.

Qu'entendez-vous par nombre composé ?

J'entends par nombre composé, celui qui est composé de plusieurs chiffres , tel que 44.

Qu'entendez-vous par nombre concret ?

J'entends par nombre concret, celui dont on désigne l'espèce d'unités , comme 5 francs , 4 mètres , etc.

Qu'entendez-vous par nombre abstrait ?

J'entends par nombre abstrait, celui dont on ne désigne pas l'espèce d'unités, comme 34, 44.

Qu'entendez-vous par nombre incomplexe ?

J'entends par nombre incomplexe , celui qui est composé d'entiers seulement, comme 54 francs, 40 mètres.

Qu'entendez-vous par nombre complexe ?

J'entends par nombre complexe, celui qui est composé d'entiers et de parties d'entier, comme 4 francs 50 centimes, 4 mètres 25 centimètres.

Qu'entendez-vous par nombre fractionnaire ?

J'entends par nombre fractionnaire , celui qui est composé d'une ou de plusieurs parties de l'unité, comme $\frac{4}{5}$, $\frac{1}{4}$, $\frac{1}{2}$, etc.

DE LA NUMÉRATION.

Comment exprime-t-on les nombres ?

Par la simple combinaison de dix caractères.

Comment appelle-t-on ces caractères ?

On appelle ces caractères , chiffres ; ils s'écrivent et s'énoncent ainsi qu'il suit : 1, 2, 3 , 4, 5, 6, 7, 8, 9, o.

Un , deux, trois , quatre , cinq, six, sept , huit , neuf , zéro.

Les neuf premiers portent les noms de chiffres significatifs, et le dixième celui de zéro.

Qu'est-ce que la valeur absolue d'un chiffre ?

La valeur absolue d'un chiffre est celle qui est prise isolément.

Le zéro a-t-il une signification par lui-même ?

Le chiffre appelé zéro n'a pas de signification par lui-même ; mais il sert à déterminer le rang des autres chiffres.

Quel nom donne-t-on à la valeur d'un chiffre qui n'est pas au premier rang à droite ?

La valeur d'un chiffre qui n'est pas au premier rang à droite, s'appelle valeur de convention. Ainsi le chiffre 1 , quand il a un rang à sa droite, s'appelle une **dixaine** ; le même chiffre s'appelle une centaine, quand il a deux rangs à sa droite.

Que suit-il de cette convention?

Il suit de cette convention, base de la numération, qu'un chiffre, placé à la gauche d'un autre, représente un nombre dix fois plus grand que s'il était seul; que, placé à la gauche des deux autres, il en représente un cent fois plus grand, et ainsi de suite.

Comment prépare-t-on un nombre pour l'articuler?

Pour articuler plus aisément un nombre, on le partage en tranches de trois chiffres par une virgule, en commmençant par la droite.

Comment s'appellent respectivement, la première, la seconde, la troisième et la quatrième tranche d'un nombre?

La première tranche à droite s'appelle tranche des unités absolues, la seconde, tranche des mille, la troisième, tranche des millions; ainsi de suite.

Quels sont les élémens dont se compose chaque tranche d'un nombre?

Chaque tranche d'un nombre est composée de trois élémens; savoir : d'unités, de dizaines et de centaines. Le premier élément à droite s'appelle celui des unités, le second celui des dizaines, et le troisième celui des centaines.

Comment énoncez-vous un nombre qui a les six

tranches suivantes : 223,322 , 232,512,345,128?

Je l'articule ainsi : deux cent vingt-trois qua-
trillions, trois cent vingt-deux trillions, deux
cent trente-deux billions, cinq cent douze millions, trois cent quarante-cinq mille, cent vingt-
huit unités.

DE L'ADDITION SIMPLE.

Qu'est-ce que l'Addition ?

L'addition est une opération par laquelle on
ajoute plusieurs sommes d'une même espèce,
pour en former une seule que l'on appelle
somme ou total.

Comment fait-on l'addition ?

Pour additionner un nombre avec un ou plusieurs autres nombres, il faut que les unités du
même ordre soient placées sur la même ligne
verticale, et pour plus de commodité, on est
convenu de commencer par la droite, afin de
pouvoir retenir chaque collection de dix unités
d'un ordre quelconque, et transporter cette retenue sur la colonne à gauche, en vertu de la
loi de la numération, qui veut qu'un chiffre,
placé à la gauche d'un autre vaille dix fois
autant que s'il était à droite.

Exemple.

354   Commençant donc par la droite, je
446   dis 4 et 6 font 10, dix et 5 font 15,
495   quinze et 9 font 24; en vingt-quatre je
349   pose 4 sous cette première colonne,
_____
1644   et je retiens 2, que je porte à la seconde
_____
colonne, en disant, 2 et 5 font 7, sept et 4 font
11, onze et 9 font 20, vingt et 4 font 24; en
vingt-quatre je pose 4 que je porte à la seconde
colonne, et je retiens 2 que je porte à la troisième colonne, en disant 2 et 3 font 5, cinq
et 4 font 9, neuf et 4 font 13, treize et 3 font
16; en 16 je pose 6 sous cette troisième colonne,
en avançant le 1, parce qu'il n'y a plus rien à
additionner.

DE LA SOUSTRACTION SIMPLE.

Qu'est-ce que la Soustraction ?

La soustraction est une opération par laquelle
on ôte d'un nombre, un plus petit, pour trouver
un résultat que l'on appelle reste ou différence.

Comment opère-t-on la soustraction ?

Pour opérer la soustraction, j'écris sous le
plus grand nombre, celui que je veux retrancher, de manière, comme pour l'addition, que
les unités de même espèce soient les unes sous
les autres.

Exemple.

De 3750

Otez 2420

_____

Reste 1330

Ensuite je dis : qui de 0, ou rien, ôte zéro, ou rien, reste 0, en posant 0 sous cette colonne ; puis allant à l'autre, je dis : qui de 5 paie 2, reste 3 que je pose aussi sous cette colonne ; à l'autre je dis de même : qui de 7 paie 4, reste 3 que je pose sous le 4 ; et enfin, qui de 3 paie 2, reste 1, qui, comme à l'exemple, se pose directement sous le 2.

Que fait-on lorsque dans une soustraction le chiffre supérieur est moins fort que le chiffre inférieur ?

On retranche successivement le chiffre inférieur du chiffre supérieur, en commençant par la droite ; et lorsque le chiffre supérieur est moins fort, on emprunte une unité qui vaut dix à son voisin à gauche.

Exemple.

De 686

Je veux ôter 397

_____

reste 289

En effet, si de 6 je veux retrancher 7, il ne se peut, j'en emprunte sur le 8, 1 qui vaut 10, et 6 font 16. Si de 16 j'ôte 7, il restera 9 ; comme j'ai emprunté 1 sur le 8, il ne vaut plus que 7. Si de 7 je retranche 9, il ne se peut, j'en emprunte sur le 6, 1 qui vaut 10, et 7 font 17. Si de 17 j'ôte 9, reste 8. Enfin, si de 5 j'ôte 3, il restera 2, ce qui donnera pour résultat 289.

Preuve de l'Addition et de la Soustraction.

Qu'entendez-vous par preuve en arithmétique?

J'entends par preuve une autre opération par laquelle on s'assure de l'exactitude de la première.

Comment se fait la preuve de la soustraction?

On ajoute le reste avec le plus petit nombre, et la somme doit être égale au plus grand.

De 4402

Otez 2306

_____

Reste 2096

_____

Preuve 4402

Par exemple : on a fait la soustraction ci-contre, il est question de la vérifier. J'ajoute le reste 2096 au plus petit nombre 2306 ; et parce que le total est égal au plus grand nombre, je suis assuré de l'exactitude de la règle.

Comment se fait la preuve de l'addition?

La preuve de l'addition se fait en commençant l'opération par la gauche, allant à la droite, et en retranchant la somme de chaque colonne du nombre correspondant dans le total. Si à la dernière soustraction on trouve 0 pour reste, la première opération sera bien faite.

Exemple.

444
494
298
———
1236
———
210

On a fait l'addition ci-contre, et l'on veut la vérifier. Je commence l'addition par la gauche en disant : 4 et 4 font 8, et 2 font 10 ; j'ôte 10 de 12, nombre correspondant dans le total, il reste 2 que j'écris sous le 2 : ce 2 en fait 20 de l'ordre inférieur, et ces 20 unités, ajoutées à 3, donnent 23. J'additionne la colonne suivante, en disant 4 et 9 font 13, et 9 font 22 ; j'ôte 22 du 23, il reste 1 que j'écris vis-à-vis de 3 ; cette unité en vaut 10 de l'ordre inférieur, y ajoutant le 6 que je trouve dans le total, il vient 16. J'additionne la colonne suivante, en disant : 4 et 4 font 8, et 8 font 16 ; j'ôte cette somme 16 de 16 qui reste dans le total, j'ai 0 pour reste que j'écris sous le 6. Parce que j'ai trouvé 0 au dernier reste, l'opération est exacte.

DE LA MULTIPLICATION SIMPLE.

Qu'est-ce que la Multiplication simple ?

La multiplication est une opération par laquelle on répète un nombre que l'on appelle multiplicande, autant de fois qu'il y a d'unités dans un autre nombre que l'on appelle multiplicateur, pour trouver un résultat que l'on appelle produit.

Le multiplicande est le multiplicateur n'ont-ils pas un autre nom ?

Ils s'appellent aussi d'un nom commun, les facteurs du produit.

Qu'est-il nécessaire de connaître avant de commencer la multiplication ?

Il faut apprendre par cœur le livret, ou la table de multiplication.

Récitez donc la table de multiplication ?

2	fois	2	font	4	4	fois	4	font	16	6	9	54

2	fois	2	font	4		4	fois	4	font	16	6		9		54
2		3		6		4		5		20	6		10		60
2		4		8		4		6		24				
2		5		10		4		7		28	7	fois	7	font	49
2		6		12		4		8		32	7		8		56
2		7		14		4		9		36	7		9		63
2		8		16		4		10		40	7		10		70
2		9		18									
2		10		20		5	fois	5	font	25	8	fois	8	font	64
						5		6		30	8		9		72
3	fois	3	font	9		5		7		35	8		10		80
3		4		12		5		8		40				
3		5		15		5		9		45	9		9		81
3		6		18		5		10		50	9		10		90
3		7		21									
3		8		24		6	fois	6	font	36	10		10		100
3		9		27		6		7		42				
3		10		30		6		8		48				

Comment fait-on la multiplication ?

Je suppose d'avoir à multiplier le nombre 674 par 68, j'écris les deux nombres, comme ci-après, de manière que le multiplicateur soit sous le multiplicande.

Exemple.

Multiplicande 674 } facteurs.
Multiplicateur 68 }

$$
\begin{array}{r}
5392 \\
4044 \\
\hline
\end{array}
$$

Produit 45832

Puis , commençant par les unités , je dis :
8 fois 4 font 32 , je pose 2 et je retiens 3 dizaines pour ajouter au produit suivant ; ensuite
passant aux dizaines, je dis ; 8 fois 7 font 56 ,
et 3 de retenue font 59 : comme ce sont des
dizaines, j'écris 9 à la gauche du 2 , et je retiens 5. Passant, enfin, aux centaines du multiplicande, je dis : 8 fois 6 font 48 , et 5 de
retenue font 53 ; comme il n'y a plus rien à
multiplier , je pose le nombre 53 en entier.
Passant aux dizaines de ce multiplicateur , je
dis : 6 fois 4 font 24 ; et, comme le chiffre 6
représente 6 dizaines, le produit 24 représente
aussi 24 dizaines du premier produit , et je
retiens les 2 dizaines de dizaines , ou les 2
centaines. Passant ensuite aux dizaines du multiplicande , je dis : 6 fois 7 font 42 , et 2 de
retenue font 44 ; je pose 4 , et je retiens 4.
Passant, enfin , aux centaines de multiplicande,
je dis : 6 fois 6 font 36, et 4 de retenue font

2

4o, que je pose en entier. Faisant l'addition
on trouve 45832, pour le produit des deux fac
teurs proposés.

Comment nultiplie-t-on par 10, par 100
et par 1000, les nombres composés de plusieu
chiffres?

On les multiplie par 10, en y ajoutant u
zéro, par 100, en y ajoutant deux zéros, ain
de suite.

Comment fait-on la preuve de la multipl
cation?

La preuve de la multiplication peut se fai
de trois manières, 1.º en posant le multipl
cande à la place du multiplicateur, et le mu
tiplicateur à la place du multiplicande; 2.º e
prenant la moitié du multiplicande pour l
multiplier par le double du multiplicateur
ainsi que par le contraire; 3.º on se sert de
division, quatrième règle, qui est en effet l
contraire de la multiplication. Voici la second
manière :

Règle. 634 aunes, à 46 francs.	Preuve. 317 aunes à 92 franc
3804	634
2536.	2853.
29164	29164

DE LA DIVISION SIMPLE.

Qu'est-ce que la Division ?

La division est une opération par laquelle on cherche combien de fois, un nombre appelé dividende, en contient un autre appelé diviseur, pour trouver un résultat que l'on nomme quotient.

A quoi sert le quotient ?

La quotient indique combien de fois le dividende contient le diviseur.

Que faut-il observer pour la position de cette règle ?

On observera de placer le diviseur vis-à-vis le dividende, vers la droite, en tirant une ligne sous le diviseur, et faisant une accolade du haut en bas, pour renfermer le diviseur et le quotient, comme on va le voir.

Comment procède-t-on pour faire la division ?

Pour faire la division, on procède de la manière qu'il est démontré dans l'exemple suivant.

Exemple..

$$68 \left\lbrace \begin{array}{l} 6 \\ \hline \end{array} \right.$$

$$\begin{array}{r} 68 \\ 08 \\ \text{reste} \quad 2 \end{array} \left\lbrace \begin{array}{l} 6 \\ \hline 11 + \frac{2}{6} \end{array} \right.$$

Je prends pour premier dividende partiel, les 6 entiers du dividende, et je dis : en 6 com-

bien de fois 6 ? 1 ; j'écris 1 au-dessous du trait ;
ensuite je dis : 1 multiplié par 6, égale 6, que
j'ôte du dividende partiel 6, il reste zéro, ou
rien que je pose au-dessous du 6 ; j'abaisse le
8 qui me sert de second dividende partiel, je
dis donc : en 8 combien de fois 6 ? 1 ; j'écris 1
au quotient, puis je dis : 1 fois 6, 6 que j'ôte
de 8, il reste 2.

Autre Exemple.

$$\text{Dividende} \quad \begin{matrix} 4745 \\ 335 \\ 41 \end{matrix} \left\{ \begin{array}{l} 49 \quad \text{diviseur.} \\ \hline 96 + \frac{41}{49} \quad \text{quotient.} \end{array} \right.$$

Dans cette opération, le diviseur 49 étant
plus grand que les deux premiers chiffres 47
du dividende, il en faut prendre trois pour en
faire le premier dividende partiel ; alors je dis :
en 47 combien de fois 4 ? Il paraît qu'il peut
y aller 9 fois ; je mets donc 9 au quotient, par
lequel je multiplie le diviseur, et j'ai 441 à
soustraire du premier dividende partiel ; il reste
33, je descends le 5, et j'ai 335 pour second
dividende partiel ; je dis donc : en 33 combien
de fois 4 ? Je vois qu'il ne peut y aller que 6
fois ; je pose 6 au quotient, et je multiplie 49
par 6 ; il vient 294 à soustraire du deuxième
dividende partiel. La règle finie, je trouve que
chaque partageant aura 96 francs, et qu'il restera
encore 41 francs à répartir entr'eux.

Comment fait-on la preuve de la division ?

On fait la preuve de la division en multipliant le diviseur par le quotient, et en ajoutant au produit, le reste de la division, s'il y en a un ; le produit doit être égal au dividende.

DES FRACTIONS.

Qu'entendez-vous par fractions ?

J'entends par fractions une ou plusieurs parties de l'unité.

Combien y a-t-il de sortes de fractions ?

Il y en a de deux sortes ; savoir : les fractions arithmétiques et les fractions vulgaires.

Qu'entendez-vous par fractions arithmétiques ?

J'entends par fractions arithmétiques, celles qui se divisent réellement, ou par la pensée, en tel nombre de parties égales que l'on veut, telles que $\frac{1}{3}$, $\frac{1}{4}$, $\frac{1}{5}$, etc.

Qu'entendez-vous par fractions vulgaires ?

J'entends par fractions vulgaires, celles dont la dénomination des parties a été fixée par l'usage ; telles sont les parties usuelles des monnaies, des poids et des mesures. Ainsi, quand je dis 5 sous, je dois me figurer que c'est le quart d'un franc, comme 25 centimètres est le quart du mètre, et 50 livres la moitié du quintal. Nous commencerons par les fractions arithmétiques.

Comment exprime-t-on les fractions arithmétiques ?

On les exprime par deux nombres placés l'un au - dessus de l'autre, et séparés par une ligne ; tels sont : $\frac{1}{4}$, $\frac{1}{8}$, etc.

Comment nomme-t-on les deux termes d'une fraction ?

Le terme supérieur d'une fraction s'appelle numérateur, et le terme inférieur dominateur.

Que marque le numérateur ?

Le numérateur désigne combien la fraction contient de parties de l'unité.

Que marque le dénominateur ?

Le dénominateur désigne en combien de parties égales l'unité est divisée. Ainsi la fraction $\frac{3}{8}$ exprime que l'unité est partagée en huit parties égales, et qu'on a trois de ces parties.

Quels sont les signes dont on se sert dans les opérations des fractions ?

Les voici : deux lignes parallèles donnent le signe de l'égalité, et se prononcent égale. Deux lignes croisées forment le signe plus, et indiquent l'addition. La ligne horizontale se prononce moins, et indique la soustraction. Deux lignes croisées obliquememt se prononcent multiplié par, et indique la multiplication. Les deux points se prononcent divisé par, et indiquent la division.

De la réduction des Fractions à une même dénomination.

Comment faut-il procéder pour réduire plusieurs fractions à une même dénomination ?

J'examine d'abord la dénomination de toutes les fractions à réduire, et si je vois qu'il soit possible de leur donner un dénominateur commun par le plus petit nombre recherché, je place ce nombre comme on verra dans l'exemple suivant, et j'en prends la valeur de chaque fraction pour avoir la conversion demandée.

Exemple.

On donne à réduire à une même dénomination $\frac{1}{2}$, $\frac{1}{3}$, $\frac{1}{4}$. Considérant ces trois fractions, je vois que le nombre 12 peut leur servir de dénominateur commun, parce que j'en peux prendre la moitié, le tiers, le quart sans reste. Je pose donc 12

dont la moitié est 6 pour la 1.re fraction,
dont le tiers est 4 pour la 2.me fraction,
et dont le quart est 3 pour la 3.me fraction.

On ne peut pas révoquer en doute que 6 soit la moitié de 12, etc.

Si les fractions sont différentes, et qu'il paraisse difficile de trouver en peu de temps un nombre duquel on puisse prendre toutes les parties sans reste, comment procède-t-on ?

Il faut multiplier tous les dénominateurs les uns par les autres, et le résultat donne le nombre qui doit servir de dénominateur commun.

Exemple.

On donne à réduire à une même dénomination $\frac{2}{5}$, $\frac{5}{7}$, $\frac{7}{9}$. En multipliant 5, premier dénominateur, par 7, second dénominateur, je trouve 35; puis, multipliant successivement 35 par 9, dénominateur de la troisième et dernière fraction, je trouve pour nombre recherché 315.

OPÉRATION.

$$315$$

dont les $\frac{2}{5}$ sont 126, c'est-à-dire $\frac{126}{315}$, qui valent autant que $\frac{2}{5}$,

dont les $\frac{5}{7}$ sont 225, c'est-à-dire $\frac{225}{315}$, qui valent autant que $\frac{5}{7}$,

dont les $\frac{7}{9}$ sont 245, c'est-à-dire $\frac{245}{315}$, qui valent autant que $\frac{7}{9}$.

Comment procède-t-on pour réduire un ou plusieurs entiers à telle dénomination que l'on voudra ?

Pour réduire un ou plusieurs entiers à telle dénomination que l'on voudra, il faut multiplier le dénominateur par la quantité d'entiers à réduire.

Exemple.

On me propose de réduire 4 entiers en sixièmes. Je multiplie 4 par 6 qui est le dénominateur, j'aurai $\frac{24}{6}$.

Comment procède-t-on pour réduire un ou plusieurs entiers avec fraction à la dénomination de cette même fraction ?

Pour réduire un ou plusieurs entiers avec fraction à la dénomination de cette même fraction, il n'y a qu'à multiplier les entiers par le dénominateur de la fraction, et ajouter le numérateur au produit.

Exemple.

On me propose de réduire 5 entiers et $\frac{5}{8}$ à la dénomination de cette fraction.

Je multiplie 5 par 8, dénominateur de cette fraction, il vient 40, auquel nombre j'ajoute 5, numérateur de cette même fraction, ce qui fait $\frac{45}{8}$.

Comment faut-il procéder pour réduire en entiers et parties d'entier, s'il y en a, une fraction dont le numérateur surpasse la valeur du dénominateur ?

Quand on a une fraction dont le numérateur est composé d'un nombre plus grand que celui du dénominateur, il faut diviser le numérateur par le dénominateur ; le quotient donnera les entiers et le reste de la division s'il y en a, ce reste formera la fraction qu'il y aura de plus.

Exemple.

On me donne à réduire en entiers et parties d'entier $\frac{56}{9}$. Suivant l'explication donnée, je divise 56 par 9, et il vient au quotient 6 entiers plus $\frac{2}{9}$.

Comment procède-t-on pour réduire une grande fraction à sa plus petite dénomination ?

Il y a deux méthodes pour réduire une grande fraction à sa plus petite dénomination : la première est douteuse et tâtonneuse ; la seconde est appelée règle générale ; elle se pratique par une division réitérée.

Pour la première méthode que je nomme tâtonneuse, je prends la $\frac{1}{2}$ ou le $\frac{1}{4}$, ou toute autre partie du numérateur de la fraction réductible ; ensuite je prends la même partie du dénominateur ; mais il faut nécessairement qu'il ne reste rien en prenant la moitié, ou le quart, ou toute autre partie du numérateur et du dénominateur, sans quoi la réduction ne serait pas véritable.

Exemple.

On me propose de réduire $\frac{48}{96}$ à une plus petite dénomination.

En prenant la $\frac{1}{2}$ du numérateur et du dénominateur, je réduis la fraction à $\frac{24}{48}$.

Continuant de même l'opération, en prenant le $\frac{1}{3}$ de cette première réduction, je trouve $\frac{8}{16}$.

Enfin, prenant le $\frac{1}{8}$ de cette seconde réduction, je trouve $\frac{1}{2}$ qui est égale à la fraction $\frac{48}{96}$.

Comment opère-t-on dans la seconde méthode ?

Quand la fraction est grande, et qu'on voit l'impossibilité de la réduire par la première méthode, parce qu'elle se trouve composée de nombres desquels on ne peut également en prendre la $\frac{1}{2}$, le $\frac{1}{3}$, le $\frac{1}{4}$, etc.

Alors il faut avoir recours à la règle générale qui s'opère par la division, c'est-à-dire, qu'il faut diviser le dénominateur de la fraction par son numérateur, sans avoir égard au quotient, qui ne sert de rien dans l'opération que l'on fait ; et tant qu'il y aura un reste à la division faite, on continuera de diviser jusqu'à ce qu'il ne reste rien, et prenant toujours le dernier diviseur pour dividende, comme on va le voir dans l'exemple suivant.

Exemple.

On me propose de réduire $\frac{348}{548}$ à la plus petite dénomination.

$$
\begin{array}{r|l}
548 & 348 \\
\text{Reste.} \quad 200 & \overline{\quad 1 \quad} \\[4pt]
348 & 200 \\
\text{Reste.} \quad 148 & \overline{\quad 1 \quad}
\end{array}
$$

$$200 \mid 148$$

Reste. $\quad$ o52 $\mid$ 1

$$148 \mid 52$$

Reste. $\quad$ o44 $\mid$ 2

$$52 \mid 44$$

Reste. $\quad$ o8 $\mid$ 1

$$44 \mid 8$$

Reste. $\quad$ o4 $\mid$ 5

$$8 \mid 4$$

$$o \mid 2$$

La division ainsi opérée successivement, fait connaître que le nombre 4, qui a servi de diviseur sans reste, à la dernière opération, est celui, par lequel il faut diviser le numérateur et le dénominateur de la fraction proposée à réduire; ce qui donnera la plus petite dénomination sans changer sa valeur.

Ainsi, en divisant le numérateur 348 par 4, il vient 87, et en divisant aussi le dénominateur 548 par 4, il vient 137, ce qui forme la fraction $\frac{87}{137}$ égale à $\frac{348}{548}$.

Mais quand, par la règle générale, on en vient à l'unité pour dernier diviseur, c'est prouver que la fraction qu'on cherche à réduire ne peut être exprimée par des nombres plus petits, et qu'elle se trouve par conséquent réduite à sa plus petite dénomination.

Comment réduit-on plusieurs fractions de fractions à une seule fraction?

Il faut multiplier tous les numérateurs des fractions de fractions les uns par les autres pour avoir le numérateur de la fraction recherchée, il faut multiplier de même, les uns par les autres, les dénominateurs desdites fractions, pour avoir le dénominateur de cette fraction de fractions recherchée.

Exemple.

On me demande ce que peuvent valoir en une seule fraction les $\frac{3}{4}$ des $\frac{3}{5}$ de $\frac{5}{7}$

Je multiplie tous les numérateurs de ces frac-fractions les uns par les autres, en disant : 3 fois 3 font 9, et 9 fois 5 font 45.

Faisant de même aux dénominateurs, je trouve $\frac{45}{140}$, donc que toutes les parties de ces parties valent justement $\frac{45}{140}$, qui se réduisent à $\frac{9}{28}$.

DE L'ADDITION DES FRACTIONS.

Comment se fait l'addition des fractions?

On fait l'addition des fractions, en réunissant ensemble tous les numérateurs, quand les fractions sont en même dénomination. Si elles n'y sont pas, il faut les y réduire; ensuite si la somme des numérateurs est plus forte qui celle du dénominateur commun, on la divise

par celle-ci, pour avoir les entiers qui s'y trouvent.

On me propose d'ajouter ensemble les frac-
tions suivantes : $\frac{1}{10} + \frac{1}{14} + \frac{1}{5}$. Je les réduis
d'abord à la même dénomination, et j'ai à leur
place les fractions $\frac{70}{700} + \frac{50}{700} + \frac{140}{700}$.

Les numérateurs de ces fractions représentant
tous des sept centièmes, je les ajoute, et j'ai $\frac{260}{700}$
pour la somme des fractions proposées.

Comment procède-t-on, lorsque dans l'addi-
tiou des fractions il y a des entiers joints aux
fractions ?

Lorsqu'il y a des entiers joints aux fractions,
on en fait la somme séparément, et on y ajoute
les entiers provenant de l'addition des fractions
qui leur sont jointes.

On me propose d'ajouter $12 + \frac{5}{15} + 4 + \frac{3}{5} + 6 + \frac{1}{4}$

Je réduis les trois fractions à la même dénomination et la question devient,

$$12 + \frac{100}{300}$$
$$4 + \frac{180}{300}$$
$$6 + \frac{75}{300}$$

Total. $\quad 23 + \frac{55}{300}$

Comment fait-on la preuve de l'addition des
fractions ?

On fait la preuve de l'addition des fractions
par une autre addition de fractions, qui ont
pour dénominateur, les mêmes que ceux de la

règle , et pour numérateur , ce qui manque aux numérateurs de la règle ; pour que chacun soit égal à son dénominateur. On ajoute ensuite la somme de ces fractions, que l'on joint à la somme des fractions de la règle. Si le total donne autant d'unités qu'il y a des fractions dans la question ; la règle est exacte.

Exemple.

Règle.   Preuve.

$$\frac{1}{6} + \frac{2}{6} + \frac{3}{6} = \frac{6}{6} \left\{ \frac{5}{6} + \frac{4}{6} + \frac{3}{6} = \frac{18}{6} \right.$$

ou 3 entiers.

De la Soustraction des Fractions.

Comment se fait la Soustraction des Fractions ?

Pour faire la soustraction des fractions , quand elles sont réduites à la même dénomination , il n'y a qu'à ôter du plus grand numérateur , le plus petit , et donner au reste le commun dénominateur , si , au contraire , les fractions sont de diverses dénominations , il faut comme à l'addition , les réduire au même dénominateur, opérer ensuite comme je viens de dire.

Lorsque la fraction de laquelle en doit sous- traire une autre fraction, n'a pas la valeur de l'autre, que faut-il faire ?

Il faut emprunter sur l'unité des entiers , un entier qu'on convertit en cette fraction , comme j'ai déjà dit , y joindre son numérateur, et terminer ainsi l'opération.

Exemple.

On me propose de soustraire
$\frac{34}{48}$ de $\frac{42}{48}$, qui de $\frac{42}{48}$ ôte $\frac{34}{48}$ reste $\frac{8}{48}$

Autre Exemple.

On me propose de soustraire $\frac{37}{56}$ de $\frac{44}{19}$.

Je commence d'abord à réduire les deux fractions à la même dénomination, et je trouve $\frac{2464}{3360}$ qu'il faut ôter de $\frac{2220}{3360}$ ce qui donne pour reste $\frac{244}{3360}$.

Autre Exemple.

On me propose d'ôter 7 aunes et $\frac{5}{6}$ d'aune de 12 aunes $\frac{3}{12}$ d'aune.

Je commence à réduire les deux fractions à une même dénomination. 12 pouvant servir de dénominateur commun, je n'ai qu'à doubler le numérateur de l'autre, ce qui donne $\frac{10}{12}$.

	Je dis ensuite de 12 aunes	$\frac{3}{12}$.
ôtez	7 aunes	$\frac{10}{12}$.
reste	4 aunes	$\frac{5}{12}$ d'aune.

J'ai été obligé d'emprunter une aune sur le nombre 12 qui représente les unités des entiers, cette aune convertie en douzièmes a valu $\frac{12}{12}$, qui , joints aux $\frac{3}{12}$ ont fait $\frac{15}{12}$, desquels j'ai ôté les $\frac{10}{12}$, et j'ai trouvé pour reste $\frac{5}{12}$. Ensuite comme j'avais emprunté une aune sur le nombre 12, je n'ai compté ce nombre que pour 11 duquel j'ai ôté 7, et j'ai eu 4 pour reste.

Comment fait-on la preuve de la soustraction des fractions ?

Pour faire la preuve de la soustraction des fractions , on additionne le reste des entiers et de la fraction, avec le nombre et la fraction à soustraire, et on doit trouver le premier nombre ainsi que sa fraction.

Exemple.

De	12 aunes	$\frac{3}{4}$
ôtant	6 aunes	$\frac{1}{4}$
reste	6 aunes	$\frac{2}{4}$
Preuve	12 aunes	$\frac{3}{4}$

De la Multiplication des fractions.

Comment fait-on la multiplication des fractions ?

Pour faire la multiplication des fractions, il faut multiplier le numérateur multiplicande par le numérateur multiplicateur pour former le numérateur du produit, et réciproquement multiplier le dénominateur multiplicande par le dénominateur multiplicateur, pour former le dénominateur du produit.

Exemple.

On propose $\frac{5}{8} \times \frac{5}{6}$,
Le produit est de $\frac{25}{48}$.

On suivra le même précepte dans toutes les multiplications par fractions, et même quand il y aura des entiers avec fraction, en observant seulement de convertir les entiers en leur fraction, et d'y ajouter le numérateur.

Exemple.

On a $4 + \frac{1}{2} \times 2 + \frac{1}{4}$.
Le produit sera donc $\frac{81}{8}$ ou 10 entiers $\frac{1}{8}$.

Comment faudrait-il opérer, si l'on avait un ou plusieurs entiers seulement à multiplier par entiers et fractions, ou, par le contraire, si l'on avait un ou plusieurs entiers avec fractions à multiplier par des entiers sans fractions?

Il faudrait mettre les entiers pour numérateur du multiplicande, ou du multiplicateur sans fraction, et l'unité pour dénominateur; puis faisant la règle comme j'ai démontré, on aurait le produit demandé.

Exemple.

On propose $7 \times 3 + \frac{2}{3}$.
Je mets 1 sous 7, ce qui me donne $\frac{7}{1}$ que je

multiplie par $\frac{11}{3}$, ce qui me donne $\frac{77}{3}$ ou 25 entiers $+ \frac{2}{3}$.

Comment se fait la preuve de la multiplication des fractions ?

La preuve de la multiplication des fractions se fait par la division, car, si une multiplication est bien faite, le produit divisé par l'un des facteurs, doit donner l'autre au quotient.

Exemple.

Règle $\frac{1}{4} \times \frac{1}{3} = \frac{1}{12}$

Preuve $\frac{1}{12} : \frac{1}{3} = \frac{3}{12}$ ou $\frac{1}{4}$.

De la division des fractions.

Comment fait-on la division des fractions ?

Pour faire la division des fractions, il faut multiplier le numérateur de la fraction dividende, par le dénominateur de la fraction diviseur, pour former le numérateur du quotient, et réciproquement multiplier le dénominateur de la fraction dividende par le numérateur de la fraction diviseur, pour former le dénominateur du quotient.

Exemple.

On propose $\frac{4}{10} : \frac{3}{8}$, le quotient$= \frac{32}{30}$ ou $1 + \frac{2}{30}$.

S'il s'agissait de diviser une fraction par un nombre entier, ou un nombre entier par une fraction, comment opérerait-on ?

Il faudrait poser 1 , sous les entiers, et opérer comme on vient de voir.

Si l'on avait à diviser un nombre entier avec fraction par une fraction , ou bien un nombre entier avec fraction , par un nombre entier avec fraction , comment opérerait-on ?

Il faudrait réduire les entiers en fractions et faire ensuite l'opération comme s'il n'y avait que des fractions.

Exemple.

On propose de diviser $4 + \frac{1}{4}$ par $3 + \frac{1}{3}$

En réduisant comme je viens de dire les entiers en fractions , je trouve $\frac{17}{4} : \frac{10}{3} = \frac{51}{40}$ ou $1 + \frac{11}{40}$.

Comment fait-on la preuve de la division des fractions ?

Pour faire la preuve de la division des fractions , il faut multiplier la fraction quotient par la fraction diviseur, pour trouver la fraction dividende.

Exemple.

Règle $\frac{6}{7} : \frac{3}{4} = \frac{24}{21}$ ou $1 + \frac{3}{21}$.

Preuve $\frac{24}{21} \times \frac{3}{4} = \frac{72}{84}$ ou $\frac{6}{7}$.

De la réduction des Fractions Arithmétiques en Fractions Décimales.

Que faut-il faire pour réduire une fraction arithmétique en fraction décimale ?

Pour réduire une fraction arithmétique en fraction décimale, il faut ajouter au numérateur autant de zéros qu'on veut avoir de chifffres décimaux, et le diviser par le dénominateur : on ôte du quotient autant de décimales qu'on a ajouté de zéros au numérateur, et pour marquer ces décimales, on met au quotient, à la place des unités, un zéro qui est suivi d'une virgule.

On propose de réduire $\frac{4}{25}$ en fraction décimale.

Exemple.

J'ajoute deux zéros au numérateur, et j'ai 400 à diviser par 25.

$$\begin{array}{c|c} 400 & 25 \\ 150 & \overline{16} \\ 000 & \end{array}$$

Comment transforme-t-on une fraction décimale en fraction arithmétique ?

Pour transformer une fraction décimale en fraction arithmétique, il n'y a qu'à écrire sous la fraction décimale un 1 suivi d'autant de zéros qu'il y a de chiffres décimaux.

On propose de transformer en fraction arithmétique la fraction 0,75.

Exemple.

$$\frac{75}{100}$$

Des nouvelles Mesures et des nouveaux Poids.

Combien compte-t-on de sortes de mesures, d'après le nouveau système ?

. On en compte de cinq sortes.

. Quels noms donne-t-on à ces mesures ?

On les appelle mesures linéaires de longueur, mesures de superficies ou carrées, mesures de solidité ou cubiques, mesures de capacité ou de contenance, et mesures de pesanteur ou de poids.

A qui servent les mesures de longueur ?

Les mesures de longueur servent à déterminer la hauteur d'un clocher, d'un arbre, la distance d'un endroit à un autre, etc.

A quoi servent les mesures de superficie ?

Les mesures de superficie servent à déterminer l'étendue d'une terre, d'un plafond, d'un appartement.

A quoi servent les mesures de solidité ou cubiques ?

Les mesures de solidité servent à mesurer les bois, les pierres à bâtir, etc.

A quoi servent les mesures de capacité ?

Les mesures de capacité servent à mesurer les grains, les vins, etc.

A quoi servent les mesures de poids ?

On se sert des mesures de poids, pour toutes

les choses que l'on vend, ou que l'on achète au poids, pour le pain, la viande, etc.

A ces cinq mesures n'en ajoute-t-on pas une autre ?

On en compte une autre qui est la mesure des monnaies et des valeurs.

Quel est le nom de l'unité principale de chacune de ces mesures ?

Les voici : On appelle mètre, l'unité des mesures de longueur ; are, l'unité de la mesure d'une pièce de terre ; stère, l'unité de la mesure des bois ; litre, l'unité des mesures de contenance ; gramme, l'unité des poids ; franc, l'unité des monnaies.

Comment indique-t-on qu'un nombre écrit représente des mètres, des litres, des francs, etc. ?

On écrit après le nombre, et sur la même ligne, le nom des unités qu'il représente, comme 8 litres, 25 francs ; quelquefois on écrit ce nom par abréviation à la droite du nombre, et un peu au dessus de la ligne, comme 8 litres 25 fr., etc.

A-t-on des mesures plus grandes ou plus petites que les unités dont vous venez de parler ?

On a des mesures dix fois plus grandes, cent fois plus grande ; et mille fois plus grandes, on a aussi des mesures dix fois plus petites, cent fois plus petites, et mille fois plus petites.

Comment désigne-t-on les mesures dix fois plus grandes ?

On place devant le nom de l'unité le mot déca ; ainsi, on appelle décalitre, la mesure dix fois plus grande que le litre ; décamètre, la mesure dix fois plus grande que le mètre.

Comment désigne-t-on les mesures cent fois, mille fois, dix mille fois plus grandes ?

On désigne les mesures cent fois plus grandes, en plaçant devant le nom de l'unité, le mot hecto, pour les centaines ; le mot kilo, pour les mille, et le mot myria, pour les dix mille. Ainsi, l'hectomètre, exprime cent mètres, le kilomètre, mille mètres, et le myriamètre, dix mille mètres.

Comment désigne-t-on les mesures dix fois, cent fois, mille fois, plus petites ?

On place devant le nom de l'unité, le mot déci, pour les mesures dix fois plus petites ; le mot centi, pour les mesures cent fois plus petites ; le mot milli, pour les mesures mille fois plus petites. Ainsi, le décimètre exprime la dixième partie du mètre, le centimètre, la centième partie du mètre, et le millimètre, la millième partie du mètre.

Que remarquez-vous entre les mesures d'une même espèce ?

Je remarque que,

Un myriamètre vaut 10 kilomètres ;

Un kilomètre vaut 10 hectomètres ;

Un hectomètre vaut 10 décamètres ;

Un décamètre vaut 10 mètres ;

Un mètre vaut 10 décimètres ;

Un décimètre vaut 10 centimètres ;

Un centimètre vaut 10 millimètres.

Que suit-il de ces remarques ?

Il suit de ces remarques qu'une mesure est toujours 10 fois plus grande que celle qui est immédiatement plus petite, et 10 fois plus petite que celle qui est immédiatement plus grande ; elle vaut donc une dixaine de la mesure plus petite, et elle est la dixième partie de celle qui est plus grande.

Par Exemple :

Le centilitre vaut dix millilitres ou une dixaine de millilitre, et il est la dixième partie du décilitre.

Comment a-t-on divisé le franc ?

Le franc, unité des mesures de valeur a été divisé en dix parties égales, nommées décimes ; de manière que le franc vaut dix décimes, et le décime 10 centimes ; le franc vaut donc 100 centimes.

Comment écrit-on les décilitres, et en général les dixièmes de l'unité ?

On écrit, les dixièmes d'une unité à la droite de cette unité, en les séparant par une virgule ; et s'il n'y avait pas d'unités, on écrirait néanmoins un zéro pour en tenir lieu et marquer les rangs.

Par Exemple.

pour écrire 25 mètres et 5 décimètres, on écrit 25^{mèt} 5^{déci}.

DES CALCULS DÉCIMAUX.

Qu'entendez-vous par nombre décimal ?

J'entends par nombre décimal celui qui contient des dixièmes, des centièmes, etc., de l'unité ; 14 mètres 25^c, est un nombre décimal.

Qu'est-il nécessaire de connaître avant de faire les principales règles du nouveau calcul ?

Il est nécessaire de savoir comment il faut nombrer les parties décimales, et présenter les entiers, qui, à la vérité, se nombrent comme je l'ai enseigné dans les principes de la numération ; mais avec cette différence, que les chiffres placés après la virgule ne doivent pas se nombrer avec ceux qui les précèdent, parce que la virgule, qu'il faut placer immédiatement après les entiers, s'il y en a, démontre que tous les chiffres qui viennent après, ne sont que des parties d'entier.

————

Exemple.

44, 4 4 4 4

Quatre dix millièmes.
Quatre millièmes.
Quatre centièmes.
Quatre dixièmes de ces unités.
Quarante-quatre unités.

Comment exprime-t-on la numération ci-dessus?

Pour exprimer la numération ci-dessus, on dira : 44 unités, 4444 dix millièmes.

DE L'ADDITION DÉCIMALE.

Comment fait-on l'addition décimale.

Pour faire l'addition décimale, il faut poser bien verticalement tous les entiers les uns sous les autres, ainsi que les parties de ces entiers, en ayant soin de placer la virgule immédiatement après les entiers pour les distinguer de leurs fractions ; et pour opérer, on commencera par la première colonne à droite, en additionnant le tout, comme si toutes les colonnes représentaient des entiers.

Exemple.

444,‡ 45 centimes.
348,   35
454,   5o
349,   4o
_____
1596,‡ 70 centimes.

On voit que le résultat de cette opération est de 1596 francs 70 centimes.

Comment fait-on la preuve de l'addition décimale ?

La preuve de l'addition décimale se fait par l'addition même , en commençant par la première colonne à gauche , et en posant le produit de chaque colonne toujours en avançant d'un chiffre vers la droite ; ainsi toutes les colonnes additionnées donneront, par une nouvelle addition , la même somme trouvée , si la règle est exacte.

Exemple qu'il faut faire servir de preuve à l'opération ci-dessus.

14
17
25
16
10
_____
1596,70.

DE LA SOUSTRACTION DÉCIMALE.

Comment fait-on la soustraction décimale ?

Pour faire la soustraction décimale, il faut, comme dans l'addition décimale, poser bien verticalement tous les entiers, et parties d'entier, les uns sous les autres, ensuite on agit sur les parties d'entier comme sur les entiers mêmes.

Exemple.

	444, # 75	centimes.
	349, 70	c.
Reste	95, # 05	centimes.
Preuve	444, 75	c.

On voit que j'ai trouvé 95 f. 05 c. pour reste. Pour la preuve, j'ai fait comme dans la preuve de la soustraction simple.

DE LA MULTIPLICATION DÉCIMALE.

Comment fait-on la multiplication décimale ?

Pour faire la multiplication décimale, il faut multiplier les parties d'unité comme les unités mêmes ; mais au produit, après en avoir trouvé la totalité, il faut séparer par une virgule, autant de chiffres à droite, qu'il y en a de décimaux, tant au mnltiplicande qn'au multiplicateur pris ensemble.

Exemple.

454,^{m} 25 centimètres.
24,# 75 centimes.

22	7125
317	975
1817	00
9085	0

11242,# 6875

Comment fait-on la preuve de la multiplication décimale?

La preuve de la multiplication décimale se fait comme dans la multiplication simple.

DE LA DIVISION DÉCIMALE.

Comment fait-on la division décimale?

La division décimale se fait de même que la division simple, mais avec cette différence, qu'il faut toujours diviser, soit qu'il y ait des entiers et parties d'entier au dividende et au diviseur, comme si le tout était composé d'unités: il faut cependant observer les trois circonstances suivantes.

1.° Quand au dividende il y a de chiffres décimaux et point au diviseur, il faut séparer par la virgule de démarcation autant de figures à droite du quotient qu'il y a de chiffres décimaux au dividende.

2.º Quand au diviseur il y a de chiffres decimaux et point au dividende , il faut ajouter au dividende autant de zéros qu'il y a de chiffres décimaux au diviseur.

3.º Quand au dividende et au diviseur il y a des chiffres décimaux , il faut séparer par la virgule de démarcation autant de figures à droite du quotient qu'il y a de chiffres décimaux de plus au dividende qu'au diviseur.

1.er *Exemple.*

On propose de diviser 454 # 75 c. entre 25 personnes ;

$$
\begin{array}{l|l}
454 \text{ # } 75 \text{ c.} & 25 \text{ p.} \\
204 & \overline{18 \text{ # } 19 \text{ c.}} \\
0047 & \\
225 & \\
000 &
\end{array}
$$

2.e *Exemple.*

On a eu 40 mètres et 50 centimètres de drap pour 840 francs , savoir à combien revient le mètre.

$$
\begin{array}{l|l}
840\text{#}00 \text{ c.} & 40 \text{ m } 50 \text{ c.} \\
03000 & \overline{20 \text{ # } 74 \text{ c.}} \\
100^{c} & \\
\hline
300000 & \\
16500 & \\
00300 &
\end{array}
$$

3.ᵉ *Exemple.*

On demande à combien revient le kilogram‑
me, si les 80 kilogrammes et 5 kectogrammes
de marchandises coûtent 1247 francs 75 cent.

$$1247,75^c \quad \left\{ \; \frac{80,5}{15,5 \, \text{décimes.}} \right.$$
$$44275$$
$$4025$$
$$0000$$

Le kilogramme revient à 15 francs 5 décimes.

Comment fait-on la preuve de la division décimale ?

Pour faire la preuve de la division décimale,
il n'y a qu'à multiplier, comme dans la division
simple, le diviseur par le quotient, on repro-
duira le dividende.

DES NOMBRES COMPLEXES.

Comment divise-t-on les anciens poids et
mesures ?

1.º La toise vaut 6 pieds, le pied vaut 12
pouces, le pouce 12 lignes, et la ligne 12 points.

2.º La canne en usage dans le midi se divise
en 8 pans, et le pan en demi, tiers, quart, etc.

Le quintal, poids de marc, vaut 100 livres,
la livre 2 marcs ; le marc 8 onces : l'once 8
gros ; le gros 3 deniers ou scrupules ; le denier
24 grains.

La livre monnaie vaut 20 sous, le sou vaut 12 deniers.

Qu'entendez-vous par nombre complexe?

J'entends par nombre complexe celui qui est composé de plusieurs parties qui ont rapport à différentes unités, toutes réductibles à une seule espèce d'unités.

Par Exemple.

20 francs 12 sous 4 deniers ; 4 toises 4 pieds 4 pouces ; 4 francs 4 sous 4 deniers sont des nombres complexes.

Comment fait-on l'addition des nombres complexes?

Pour faire l'addition des nombres complexes, il faut placer les nombres les uns au-dessous des autres, en faisant correspondre les unités de même espèce ; tirer ensuite un trait, et commencer l'addition par les plus petites unités, qui sont à droite.

Si la somme de ces unités n'est pas assez grande pour composer une unité de l'espèce supérieure, écrivez cette somme, telle que vous l'avez trouvée, au-dessous du trait, et vis-à-vis de cette espèce d'unité ; si la somme est assez grande pour composer une ou plusieurs unités de l'espèce supérieure, n'écrivez au dessous du trait, et vis-à-vis de ces unités, que l'excédent du nombre exact

4

d'unités de l'espèce supérieure, et retenez ces unités pour les ajouter à la colonne de leur espèce. Faites de même pour chaque espèce d'unités, jusqu'aux dernières, que vous ajouterez comme les nombres entiers.

Exemple.

On propose d'ajouter les nombres 40 francs 10 sous 6 deniers, 20 francs 5 sous 4 deniers, et 25 francs 15 sous 10 deniers.

Je dispose les nombres, et je tire un trait au dessous. Je commence l'addition par les deniers qui sont les unités de la plus petite espèce, je dis : 6 et

Opération.

40 f.	10 s.	6 d.
20	05	4
25	15	10

Total 86 f. 11 s. 8 d.

4 font 10 et dix font 20; parce que 12 deniers font 1 sou ; 20 deniers valent 1 sou et 8 deniers ; j'écris les 8 deniers à la somme, je retiens 1 sou. Passant aux sous, je dis : 1 de retenue et 5 font 6, et 5 font 11 ; je pose 1 et je retiens 1. Passant aux dizaines des sous, je dis : 1 de retenue, et 1 font 2 et 1 font 3 ; parce que 20 sous ou deux dizaines de sous valent 1 livre. Je prends la moitié de 3, qui est un, il reste 1, que j'écris à la gauche de 1, et je retiens 1 qui vaut 1 franc, que j'ajoute aux livres, en suivant la règle donnée pour l'addition des nombres entiers. Si les dizaines de sous ne donnaient pas de reste,

en prenant la moitié, on n'écrirait rien à la gauche des unités, et l'on retiendrait la moitié pour la porter aux livres.

Comment fait-on la soustraction des nombres complexes ?

Pour faire la soustraction des nombres complexes, il faut placer le plus petit nombre au dessous du plus grand, en faisant correspondre les unités de même espèce dans une même colonne ; tirer un trait et commencer la soustraction par les plus petites unités, en ôtant celles du nombre inférieur de celles qui correspondent dans le nombre supérieur. Si la soustraction peut se faire, écrire le reste au dessous du trait ; si, au contraire, elle n'est pas possible, emprunter par la pensée une unité de l'ordre snpérieur que l'on devra réduire en unités de l'espèce suivante, et que l'on ajoutera au nombre duquel on ne peut pas retrancher. La soustraction deviendra possible, et dans l'opération suivante, l'on comptera pour une unité de moins, le nombre sur lequel on aura emprunté ; s'il n'y avait pas d'unités de l'ordre supérieur, on emprunterait, au nombre suivant, une de ces unités. On la réduirait en espèces de l'ordre inférieur. On continuerait ainsi, en allant de la droite à la gauche, jusqu'aux unités principales, sur lesquelles, on opérerait comme pour la soustraction des fractions.

Exemple.

On propose de retrancher 15 toises, 4 pieds, 4 pouces, de 59 toises, 3 pieds, 5 pouces.

Je dispose les nombres comme je viens de dire, ayant soin de placer le plus petit nombre sous le plus grand, et tirant un trait au dessous, je commence l'opération par la droite.

59 toises 3 pieds 5 pouces
15 4 4
―――――――――――――――――――――――――
43 toises 5 pieds 1 pouce.

J'ôte 4 pouces de 5 pouces, reste 1, que j'écris sous le trait, ne pouvant ôter 4 pieds de 3 pieds, j'emprunte une unité sur le 9 ; cette unité vaut 6 pieds, et 3 font 9, d'où ôtant 4, reste 5, que j'écris sous le trait. Passant aux toises, je dis : 5 ôté de 8, reste 3, que j'écris ; 1 ôté de 5, reste 4, que j'écris également sous le trait. Le reste est 43 toises, 5 pieds 1 pouce.

Comment se fait la preuve de la soustraction et de l'addition des nombres complexes ?

La preuve de l'addition et de la soustraction des nombres complexes se fait comme celle des nombres entiers.

Comment procède-t-on pour convertir un certain nombre d'unités d'un nombre complexe en unités de l'espèce immédiatement inférieure ?

Il faut multiplier le nombre donné par le

nombre d'unités que vaut une unité de ce nombre en unités de l'autre espèce, le produit sera le nombre cherché.

Exemple.

On propose de convertir 454 francs en sous.

Un franc vaut 20 sous, je multiplie 454 francs par 20 sous, et le produit 9080 exprime le nombre de sous que valent 454. La réponse est donc de 9080 sous.

On procédera de même pour toutes les autres espèces de nombres complexes.

Comment fait-on la multiplication des nombres complexes ?

Pour faire la multiplication des nombres complexes il faut savoir préalablement ce qu'on entend par sous-multiple ou partie aliquote d'un nombre.

Qu'entendez-vous donc par sous-multiple ou partie aliquote d'un nombre ?

Un nombre est dit sous-multiple ou partie aliquote d'un nombre, lorsque le premier est contenu dans le second un nombre de fois exactement, c'est-à-dire lorsque le premier divise le second : ainsi 4 est partie aliquote de 20, car il est contenu 5 fois dans 20.

On propose de multiplier 44 aunes $+\frac{1}{4}$ par 15 francs 10 sous.

$$
\begin{array}{l}
44 \text{ aunes } \frac{1}{4} \\
15 \text{ francs } 10\,\text{s.}
\end{array}
$$

	220	
	44	
	22	
	3	17 s. 6 d.
Produit	685 f.	17 s. 6 d.

On voit qu'après avoir multiplié les unités principales comme dans les nombres simples, j'ai pris pour 10 sous la $\frac{1}{2}$ de 44 aunes, qui est 22. Ensuite pour le $\frac{1}{4}$ d'aune, j'ai pris le $\frac{1}{4}$ de 15 francs 10 sous qui est 3 francs 17 sous 6 deniers. Enfin réunissant tous les produits partiels, je trouve 685 francs 17 sous 6 deniers pour le produit de cette multiplication.

Comment fait-on la preuve de la multiplication complexe ?

La preuve de la multiplication complexe se fait comme celle de la multiplication simple.

Comment fait-on la division des nombres complexes ?

Si le dividende est formé d'un nombre complexe et que le diviseur ait un nombre incomplexe ; il faut d'abord diviser les entiers ; ensuite, s'il y a un reste, on le réduit à la dénomination

des parties d'entier qui se trouvent à la suite ;
et on y ajoute ces parties qui servent de dividende partiel. Enfin on divise les parties
par le diviseur.

Si au contraire le dividende et le diviseur sont
formés d'un nombre complexe ; il faut réduire les
entiers dividende à la dénomination des parties
d'entier qui se trouvent à la suite , en y ajoutant les parties d'entier qui suivent le dividende.
Ensuite réduire ces mêmes parties à la dénomination des parties d'entier du diviseur ; pour
former le véritable dividende ; en faire de même
à l'égard du diviseur. Enfin opérer la division
comme si elle était composée seulement de
nombres entiers.

Exemple.

On propose de diviser 454 francs 17 s. 6 deniers , par 15 toises 4 pieds. Je multiplie 454 f.
par 20 s. pour les réduire en sous , je trouve pour
produit 9080 sous, auxquels ajoutant les 17 sous
du dividende, j'ai 9067 sous, je réduis ensuite ces
9097 sous en deniers, en les multipliant par 12 ,
je trouve pour produit 109164, auxquels j'ajoute
les 6 deniers du dividende, ce qui fait 109170.
Je multiplie enfin ces 109170 par 6 pieds, dénomination des parties d'entier du diviseur, pour
trouver 655020 nombre qui sert de dividende.

Faisant de même à l'égard du diviseur je trouve 22560 qui sert de diviseur.

655020	22560
203820	29 + 780
90780	22560

Comment fait-on la preuve de la division complexe ?

Pour faire la preuve de la division complexe, il faut, comme dans la division simple, multiplier le diviseur par le quotient, et l'on réproduira le dividende.

Des proportions ou règles de trois.

Qu'entendez-vous par proportions ?

J'entends par proportions, l'égalité de deux rapports.

Combien y a-t-il de termes dans une proportion ?

Il y en a quatre, dont le premier et le troisième s'appellent antécédent, et le deuxième et le quatrième conséquent, le premier et le dernier se nomment aussi extrêmes, et les deux du milieu, moyens.

Pourquoi nomme-t-on cette règle, règle de trois ?

C'est parce que des quatre termes qui la composent, trois seulement étant connus, servent à découvrir le quatrième.

Qu'est-ce qu'un rapport?

Un rapport, est le résultat de la comparaison, de deux nombres de même espèce , ou bien , c'est le nombre de fois qu'un nombre en contient un autre ; ainsi , le rapport de 8 à 4 est 2 , parce que 8 contient 4 deux fois.

En combien de parties se divise la règle de trois ?

La règle de trois se divise en cinq parties.

Savoir:

En règle de trois simple, droite ou directe, en règle de trois simple , inverse ou indirecte. En règle de trois double toute droite ; en règle de trois double toute inverse ; en règle de trois double mixte ; c'est-à-dire, partie droite et partie inverse.

Comment pose-t-on une règle de trois ?

La règle de trois se pose sur une seule ligne, en observant, 1.º de mettre Pour premier terme le nombre antécédent qui a produit la quantité. 2.º De placer pour second terme , cette même quantité. 3.º Pour troisième terme , le nombre conséquent, ou celui qui fait le sujet de la question.

Que suit-il de là ?

Il suit de là , que si le premier terme représente des aunes, et le second des francs ; le troisième doit représenter des aunes, et le quatrième que l'on cherche des francs ; ainsi, ce qui est représenté par le premier et par le troisième, doit toujours être de même espèce ; et ce qui est représenté par le second et par le quatrième, doit également être toujours de même espèce.

De la règle de trois simple droite.

Comment Procède-t-on pour faire la règle de trois simple et droite ?

Pour faire la règle de trois simple et droite, il faut la poser de la manière que je viens de dire, ayant soin de mettre après le premier terme deux points, l'un sous l'autre, qui signifie est à, et quatre points, après le second terme qui signifie comme ; deux points après le troisième terme, qui 'signifie encore est à, et enfin, on représente par x, le quatrième terme, que l'on appelle terme inconnu. Ensuite, on multiplie, l'un par l'autre, le second et le troisième terme, et l'on divise le produit par le premier terme, pour avoir au quotient de la division, le quatrième terme qui est représenté par x.

Exemple.

Pour 450 francs 50 centimes ; on a eu 20 aunes de drap, savoir combien coûteraient 1000 aunes du même drap ?

$$20 \text{ aunes} : \quad 450,50 \text{ c.} :: \quad 1000 \text{ aunes} : x$$

$$
\begin{array}{ll}
100 & 1000
\end{array}
$$

$$
\begin{array}{lll}
2000 &
\begin{array}{l}
4505,0,0,0,0 \\
05050 \\
10500 \\
005000 \\
\quad 10000 \\
\quad 00000
\end{array}
&
\left\{
\begin{array}{l}
2000 \\
\overline{22525 \text{ f.}}
\end{array}
\right.
\end{array}
$$

Comment fait-on la preuve de la règle de trois simple et droite?

On prouve la règle de trois simple et droite, en renversant la position de la règle, et mettant pour premier terme, le troisième, pour second terme, le quotient de la division, qui est le quatrième terme qu'on a trouvé ; et pour troisième terme, le premier terme de la règle ; ensuite, faisant une seconde règle de trois, on devra trouver au quotient de la division la somme produite par l'antécédent ou premier terme de la règle. On en fait de même pour toutes les preuves des règles de trois simples, doubles ou inverses, etc.

Exemple.

1000 aunes : 22526 f. : : 20 aunes : x

$$20$$

$$
\begin{array}{l}
4505,00 \\
05050 \\
00500 \\
\hline
100 \\
\hline
5000,0 \\
00000
\end{array}
\left\{
\begin{array}{l}
1000 \\
\overline{450,50\ c.}
\end{array}
\right.
$$

quotient égal au 2.e
terme de la règle.

DE LA RÈGLE DE TROIS SIMPLE, INVERSE.

Comment procède-t-on pour faire la règle de trois simple, inverse?

Pour faire la règle de trois simple, inverse, il faut d'abord poser la règle comme il a été enseigné par la règle de trois droite; ensuite, multiplier l'un par l'autre, le premier et le second terme, et diviser le produit par le troisième, pour avoir au quotient de la division le quatrième terme demandé.

Quelle différence y a-t-il, entre la règle de trois droite, et la règle da trois inverse?

La voici : si le troisième terme, plus fort que le premier, produit plus que l'autre, ou, si par le contraire, étant moins fort, il produit moins, alors la règle est droite. Mais lorsqu'on voit que le troisième terme est plus fort

que le premier, et que la raison dicte qu'il
doit produire moins, ou par le contraire,
qu'étant moins fort, il doit produire plus, alors.
on est certain que la règle est inverse.

Que suit-il de là?

Il suit de là, que, lorsque le troisième terme
est plus et qu'il doit produire plus, ou quand
il est moins et qu'il doit produire moins, la
règle est droite ; et que lorsqu'il est plus et
qu'il doit produire moins, ou quand il est moins
et qu'il doit produire plus, la règle est inverse.

Exemple.

Pour faire 8 douzaines de bas, 5 hommes
demandent 10 jours ; savoir combien 2 de ces
hommes demanderaient de jours pour faire le
même travail?

Si cinq hommes demandent dix jours pour
faire un ouvrage, il est certain qu'il faudrait
plus de 10 jours à 2 de ces hommes pour faire
le même ouvrage. Ainsi, moins demande plus,
la règle est inverse.

Opération.

5 hommes :   10 jours : : 2 hommes : x

$$5$$

$$\overline{\qquad}$$

50   $\Big\{ \dfrac{2}{25}$

10

Preuve   2 hommes :   25 jours : : 5 hommes : x

$$2$$

$$\overline{\qquad}$$

50   $\Big\{ \dfrac{5}{10}$

00

DE LA RÈGLE DE TROIS DOUBLE.

Qu'entendez-vous par règle de trois double ?

J'entends par règle de trois double, celle qui renferme en elle-même plusieurs règles de trois simples.

Comment procède-t-on pour faire la règle de trois double ?

La règle de trois double peut-être toute directe ou toute inverse, ou enfin partie droite et partie inverse. Si elle est toute directe, il faut, après avoir mis pour second terme de toutes les règles de trois simples, le terme qui se rapporte à celui qu'il faut trouver ; multiplier tous les premiers termes, les uns par les autres, pour former un total qui servira de premier terme ; multiplier ensuite tous les troisièmes termes, les uns par les autres, pour former un autre total qui servira de troisième terme ; opérer enfin la règle, comme si elle était simple, pour en trouver le résultat. Si la règle est toute inverse, il faut en faire de même, ayant seulement soin de l'envisager comme une règle de trois simple, inverse. Enfin, si elle est partie droite et partie inverse, il faut placer celle qui est droite sous l'inverse, en ayant soin de la renverser ; c'est-à-dire, de mettre, sous l'antécédent de l'inverse, le conséquent de la droite, et par conséquent, l'antécédent sous le conséquent, sans changer le second terme ; puis, on terminera comme si c'était une règle de trois simple et inverse.

Exemple du premier cas.

On sait que dans 15 jours 4 faiseurs de bas peuvent faire 120 paires bas, savoir combien 6 faiseurs de bas, qui travailleraient autant que les autres, pourraient en faire de paires dans 16 jours ?

15 jours :   120 paires bas : : 16 jours : x
4 ouvriers : 120   : : 6 ouvriers : x

───────────────────────────────

60   : 120   : : 96 : x
                96

───────────

720
10800

───────────

115,2,0 $\left\{\begin{array}{l} 60 \\ \hline 192 \text{ paires.} \end{array}\right.$
552 »
120
000

Exemple du second cas.

4 ouvriers, qui ont travaillé 10 heures par jour, ont employé 4 jours, pour faire un ouvrage, combien faudrait-il employer d'ouvriers qui travailleraient 12 heures par jour, pour que le même ouvrage fût fait dans 2 jours?

10 heures : 4 ouvriers : : 12 heures : x
4 jours   : 4 ouvriers : :   2 jours : x

───────────────────────────────

40 j.   : 4 ouvriers : : 24 j.   : x
4

───────────

160    $\left\{\begin{array}{l} 24 \\ \hline 6 + \frac{16}{24} \end{array}\right.$
16

Exemple du troisième cas.

On sait que 80 francs suffisent pour la nourriture de 8 personnes pendant 15 jours, savoir combien 100 francs entretiendraient de jours 9 personnes qui dépenseraient chacune autant que les autres ci-dessus.

Si 80 francs durent 15 jours, combien dureront 100 francs? Plus d'argent plus de jours, plus donne plus, cette règle est droite.

Si 8 personnes avec une somme peuvent vivre 15 jours, savoir combien de jours pourraient vivre 9 personnes avec la même somme?

Plus de personnes moins de jours, ainsi, plus donne moins, la règle est inverse.

OPÉRATION.

80 francs   : 15 jours : : 100 ₶ : x
8 personnes : 15 j.   : :   9   : x

Conversion de la droite en inverse.

100 francs   : 15 jours : :   80   : x
8 personnes : 15 j.   : :   9 p : x
_____

800 . . . . ↦ 15 . . : : 720   : x
15
_____

4000
800
_____

12000 $\left\{ \dfrac{720}{16 \text{ jours} + \frac{\cdot}{\cdot}} \right.$
4800
480

5

De la Règle de Société.

Qu'est-ce que la règle de société ?

La règle de société est une opération qui sert à partager entre plusieurs personnes associées le profit ou la perte qui résulte de leur société.

Comment se fait ce partage ?

Ce partage se fait proportionnellement aux mises des sociétaires, et au temps que leur argent est resté dans la société.

Comment pose-t-on la règle de société ?

Il faut, 1.º placer pour premier terme de chaque règle de trois, le total de toutes les mises ; 2.º pour second terme, le profit ou la perte ; 3.º pour troisième terme, la mise de celui pour lequel vous faites la règle de Trois. Enfin, le quotient ou quatrième terme trouvé sera le profit ou la perte que l'on cherche pour chacun.

Exemple.

Trois personnes font société pour un an, et gagnent dans leur négociation 100 francs ; savoir combien chacune d'elles aura pour sa part du bénéfice ?

Le 1.ᵉʳ a mis	200 francs.
Le 2.ᵉ	300 francs.
Le 3.ᵉ	400 francs.
Total des mises.	900 francs.

1.re OPÉRATION.

900 francs : 100 francs : : 200 francs : x

$$
\begin{array}{c|c}
100 & 900 \\
\hline
20000 & 22\text{H}+\frac{200}{900} \\
2000 & \\
200 & \\
\end{array}
$$

2.me OPÉRATION.

900 francs : 100 francs : : 300 francs : x

$$
\begin{array}{c|c}
100 & 900 \\
\hline
30000 & 33\text{H}+\frac{300}{900} \\
3000 & \\
300 & \\
\end{array}
$$

3.me OPÉRATION.

900 francs : 100 francs : : 400 francs : x

$$
\begin{array}{c|c}
100 & 900 \\
\hline
40000 & 44\text{H}+\frac{400}{900} \\
4000 & \\
400 & \\
\end{array}
$$

Comment fait-on la preuve de la règle de société ?

On fait la preuve de la règle de société, en additionnant tous les produits des règles de trois faites, c'est-à-dire, toutes les sommes qui forment la part du gain de chaque associé ; et si le total se rapporte juste à la somme qui a été partagée, on est assuré de l'exactitude de la règle.

Exemple qui sert de preuve à la règle précédente.

Le premier associé doit avoir   22 f. $\frac{200}{900}$

Le second.. . . . .   33 $\frac{300}{900}$

Le troisième. . . . . . .   44 $\frac{400}{900}$

Somme égale au gains   100 f.

Exemple par temps.

Trois marchands font société pour un an ; le premier déposera à la masse 30 f., et au bout de six mois il retirera sa somme ; le second déposera 40 f., et au bout de 4 mois il retirera 20 f., et le troisième déposera 20 f., et au bout de 8 mois il ajoutera 10 f. : en supposant qu'ils gagnent 100 f. au bout de l'année ; savoir, combien chaque associé aura pour sa part, à proportion de sa mise et du temps qu'elle aura demeuré à la masse ?

Comment fait-on pour résoudre de semblables questions ?

Il faut absolument multiplier la mise de chaque associé par le temps qu'elle a demeuré à la masse, et le produit de la multiplication sera sa mise à proportion de celle des autres.

Ainsi, la première dépose 30 f., qui, multipliés par 6 mois donnent 180 f.

Le second dépose 40 f., desquels il faut ôter 20 f., et la différence multipliée par 12 mois

donnent 240 f., auxquels il faut ajouter le produit de 20 multipliés par 4, ce qui fait 320.

Le troisième dépose 20 f., qui multipliés par
12 mois donnent 240 auxquels ajoutant le produit de 10 multipliés par 4, fait ,   280

Total des mises.   780

Les mises étant ainsi trouvées proportionnellement, on dit pour première règle :

780 : 100 : :   180 : x

$$
\begin{array}{r}
100 \\
\hline
18000 \\
2400 \\
0060
\end{array}
\left.\right)
\begin{array}{l}
780 \\
\hline
23 + \frac{60}{780} \text{ gain du premier.}
\end{array}
$$

780 : 100 : :   320 : x

$$
\begin{array}{r}
100 \\
\hline
32000 \\
00800 \\
020
\end{array}
\left.\right)
\begin{array}{l}
780 \\
\hline
41 + \frac{20}{780}
\end{array}
$$

780 : 100 : : 280 : x

$$
\begin{array}{r}
100 \\
\hline
28000 \\
4600 \\
700
\end{array}
\left.\right)
\begin{array}{l}
780 \\
\hline
35 + \frac{700}{780}
\end{array}
$$

La preuve se fait comme dans la règle précédente.

De l'abréviation des règles de société.

Ne peut-on pas abréger de beaucoup une règle de société par la multiplication ?

On peut l'abréger considérablement, quand il y a cinq, six et plus d'associés. Comme aussi, dans les discussions de banqueroute, où il peut se trouver 20, 25, 30, 40 créanciers.

Exemple.

Quatre marchands associés gagnent 100 francs, savoir combien il reviendra à chacun à proportion de sa mise ?

Le premier a mis	100 francs.
Le second	200
Le troisième	300
Le quatrième	400
Total des mises	1000

Pour trouver par abréviation ce qui revient à chacun, il faut diviser la somme qu'ils ont gagnée par le total des mises, et il viendra 10 centimes pour quotient, avec lesquels, on multipliera la mise de chaque associé et le produit de cette multiplication sera sa part du gain.

OPÉRATION.

100# 00 c.   {   1000
00000   {   10 c.

1.re mise   100 f.
à   10 c.
_____
10# 00 gain du premier associé.

2.e mise   200 f.
à   10 c.
_____
20# 00 gain du second associé.

3.e mise   300 f.
à   10 c.
_____
30# 00 gain du troisième associé.

4.e mise   400 f.
à   10 c.
_____
40# 00 gain du quatrième associé.

Total des gains   100 f.

De la règle d'intérêt.

Qu'est-ce que la règle d'intérêt ?

La règle d'intérêt est une opération que l'on fait pour connaître la rente que produit un capital placé à un denier quelconque ou à tant p.r %.

Comment peut-on placer un capital ?

On peut placer un capital de deux manières.
Premièrement à 2, à 3, à 4, à 5 plus ou moins
p.^r %. Secondement, (ce qui revient au même
qu'à tant p.^r %) au denier 12, 16, 20, plus ou
moins, pour en retirer le revenu chaque année.

Que doit-on remarquer dans ces différentes
circonstances ?

On doit remarquer, 1.º, que celui qui a placé
un capital à 5 francs p.^r %, doit, comme je l'ai
déjà dit, retirer 5 francs, toutes les fois 100 fr.,
compris dans ce capital. 2.º Que celui qui a
placé un capital au denier 14, doit retirer,
à chaque échéance, autant de francs qu'il y
a de fois 14 francs dans ce capital.

Exemple.

Du capital 4000 francs, à 5 p. % par an, on
demande quel doit être l'intérêt ?

100 f. : 5 f. : : 4000 f. : x

$$\begin{array}{c|c} 5 & 100 \\ \hline 20000 & 200 \\ 00000 & \end{array}$$

Autre Exemple.

Du capital 5450 francs, à 5 p. % par an, on
a reçu 1440 francs d'intérêt ; savoir pour combien de temps l'intérêt a été payé ?

Comment faut-il faire cette règle ?

Il faut trouver premièrement l'intérêt d'un an, en disant :

$$100 \text{ f.} : 5 \text{ f.} : : 5450 \text{ f.} : x$$

$$
\begin{array}{r|l}
5 & 100 \\
\hline
272,50 & 272 \text{ f. } 50 \text{ c.} \\
725 & \\
250 & \\
05000 & \\
00000 &
\end{array}
$$

Ensuite il faudra faire une seconde règle de trois, en disant :

$$272 \text{ f. } 50 \text{ c.} : 1 \text{ an} : : 1440 \text{ f.} : x$$

$$
\begin{array}{r|l}
100 & 272\# 50 \text{ c.} \\
\hline
1440,00 & 5 \text{ ans } 3 \text{ m. } 12 \text{ j.} \frac{10506}{51250} \\
7750 & \\
\hline
& 12 \text{ mois} \\
\hline
93000 & \\
11250 & \\
30 & \\
\hline
337500 & \\
065000 & \\
10500 &
\end{array}
$$

On demande l'intérêt de 4620 au denier 16 pour un an seulement, savoir a combien il se montera ?

Quelle est la règle qu'il faut suivre pour trouver l'intérêt d'un principal à quel denier que ce puisse être ?

La règle qu'il faut suivre, est de diviser le principal par le denier, et le quotient sera la réponse.

Exemple.

$$
\begin{array}{l}
4620 \text{ f.} \left\{ \begin{array}{l} \quad\quad 16 \\ \hline 288 \text{ f. } 75 \text{ c.} \end{array} \right. \\
142 \\
140 \\
12 \\
100 \\
\hline
1200 \\
080 \\
00
\end{array}
$$

Questions diverses qui peuvent se donner sur la règle d'intérêt.

Pour trouver l'intérêt d'une somme, que faut-il faire ?

Il faut multiplier la somme par le prix de l'intérêt, et diviser le produit par %

Si l'intérêt et le prix de l'intérêt sont donnés, comment trouve-t-on le capital ?

On multiplie l'intérêt par %, et divise le produit par le tant pour 100.

Si le capital et l'intérêt sont donnés, comment trouve-t-on le prix de l'intérêt ?

On multiplie l'intérêt par %, et divise le produit par le capital.

Comment trouver les intérêts d'une somme

pour un temps quelconque à tant p. % l'année ?

Il faut multiplier le capital par le prix de l'intérêt, diviser ensuite le produit par %, et enfin multiplier le quotient par le temps.

Les intérêts, le prix de l'intérêt et le temps étant connus, comment trouver le capital?

Il faut diviser les intérêts par le temps, multiplier le quotient par %, et diviser le produit par le prix de l'intérêt.

Si l'on veut savoir à quel denier peut être le tant pour %, comment faut-il opérer ?

Il faut diviser 100 par le tant p.ʳ %, et le quotient sera le denier.

Comment trouver la rente d'une année d'un capital quelconque à tel denier qu'on voudra ?

Il faut diviser le capital par le denier, le quotient sera la réponse.

L'intérêt et le capital étant connus, comment trouver le denier de la rente?

Il faut diviser le capital par l'intérêt, et le quotient sera le denier.

Les intérêts, le temps et le denier étant connus, comment trouver le capital ?

Il faut multiplier les intérêts par le denier, et diviser le produit par le temps, et l'on aura le capital ?

De la règle d'escompte.

Qu'est-ce que la règle d'escompte ?

La règle d'escompte est une opération qui sert à faire connaître ce qu'il faut retrancher de la somme énoncée dans un billet que l'on acquitte avant son échéance.

Qu'est-ce que l'escompte ?

L'escompte est une portion d'intérêt que l'on déduit sur la valeur d'un billet dont on propose l'acquit avant l'échéance.

Qu'est-il bon d'observer ?

Il est bon d'observer qu'on ne doit se servir de cette règle, que lorsque la dette est causée pour marchandises achetées à terme, à moins d'une convention faite entre un débiteur et un créancier.

Comment faut-il faire cette règle ?

Cette règle se fait par la règle de trois directe, quand l'escompte est fixé à tant p.^{r} % et par la division quand l'escompte est fixé à tel denier que ce puisse être.

Comment la pose-t-on ?

Si l'escompte est à 5 p.^{r} %, on devrait dire : 105 : 100 :: , etc.

L'intérêt à tant p.^{r} % étant pris en dehors, on ajouterait à 100 le prix de l'escompte, pour le premier terme.

Quelle méthode suit-on en France ?

On dit 100 : 95 :: etc. Cette méthode, comme l'on voit, n'est point selon l'exacte justice. Cependant comme elle est consacrée en france par l'usage, nous nous y conformerons.

Exemple.

Une personne ayant souscrit un billet de 1200 f., qui a encore un an à courir, offre de le payer comptant, si l'on veut lui accorder un rabais ou escompte de 4 p. %; on accueille sa demande; combien doit-il payer pour retirer son billet?

OPÉRATION.

$$100 : 96 :: 1200 : x$$

$$96$$

———————

7200
10800

———————

115200	100
0152	1152 f.
0520	

200

000

On voit qu'en multipliant les deux derniers termes, et divisant par le premier, on trouve pour résultat 1152 f.

Autre Exemple.

Un négociant vend pour 4944 f. de marchandise, à 8 mois de crédit, et promet $\frac{1}{3}$ p. % d'escompte par mois, si on le paye avant l'échéance, on le paye 2 mois après l'achat, combien doit-il recevoir?

On ne devait payer qu'au bout de 8 mois, on paye au bout de 2 mois, on devance donc le paiement de 6 mois, pour lesquels il faut escompter à raison d'un $\frac{1}{3}$ pour % par mois.

Puisque l'on doit $\frac{1}{3}$ pour % par mois, on doit 6 fois $\frac{1}{3}$ ou 2 p.^{r} % pour 6 mois; chaque centaine de francs sera donc, en vertu de l'escompte, réduite à 98 francs, et on aura cette proportion :

$$100 : 98 :: 4944 : x$$

Multipliant 4944 par 98, et divisant le produit par 100 on trouve 4845 francs $\frac{12}{100}$ pour ce que le marchand doit recevoir.

De la règle de tare.

Qu'est-ce que la règle de tare ?

La règle de tare est une opération qui sert à faire connaître le poids d'une certaine marchandise encaissée ou emballée, déduction faite de la tare, c'est-à-dire du poids des caisses, des toiles ou cordages, etc.

Comment est-ce qu'on appelle le net et la tare réunis ?

Le net et la tare réunis s'appellent poids brut.

Comment fait-on la règle de tare ?

La règle de tare se fait par la règle de trois droite, attendu qu'il est d'usage, chez les marchands, de rabattre tant pour % sur le

poids des marchandises qu'ils vendent dans des
tonneaux, caisses, etc. ; ce qui fait placer pour
premier terme de la règle de trois le nombre
100 ; pour second terme, le net que 100 doivent donner ; et pour troisième terme, le poids
brut que pèse le tonneau ou la caisse, ou toute
autre chose qui contient la marchandise.

Exemple.

Deux ballots soie pesant brut 1848 livres,
doivent être vendus à condition de rabattre 6
p.ᵣ % pour la tare ; savoir à combien se rédui-
ront en livres, poids net, les 1848 livres brut ?

100 livres : 94 livres : : 1848 livres : x

$$
\begin{array}{r}
94 \\
\hline
7392 \\
16632 \\
\hline
\end{array}
$$

$$
\begin{array}{r|l}
173712 & 100 \\
0737 & \overline{1737\,l.+\tfrac{12}{100}} \\
0371 & \\
0712 & \\
012 & \\
\end{array}
$$

Autre exemple.

Une personne achète plusieurs balles de marchandise, pesant en tout 1645 livres à raison
de 50 francs le quintal, poids net, à condition

de rabattre 6 p.ʳ % pour la tare ; savoir à combien lui reviendra cette marchandise.

Opération *pour trouver le poids net.*

100 livres : 94 francs : 1645 livres : x

$$94$$

$$6580$$
$$14805$$

$$
\begin{array}{l|l}
154630 & 100 \\
0546 & 1546 + \frac{30}{100} \\
0463 &
\end{array}
$$

Opération *pour trouver la valeur.*

100 livres : 50 f. : : 1546 livres $\frac{3}{10}$: x

$$10 \qquad\qquad 10$$

$$1000 \qquad\qquad 15463$$
$$50$$

$$
\begin{array}{l|l}
773450 & 1000 \\
07315 & 773\ f. + \frac{450}{1000} \\
03150 & \\
0150 &
\end{array}
$$

De la règle de Change.

Qu'est-ce que la règle de Change ?

La règle de change est le choix des opérations que l'on doit faire pour prendre ou donner un intérêt quand il s'agit des lettres de change, lesquelles se peuvent négocier de trois manières ; savoir : au pair, avec gain, et avec perte. Celui qui cède à un autre une lettre de change de 100 f. pour 100 f., ne fait ni perte ni gain : voilà ce qui s'appelle au pair. Celui qui fournit une lettre de change de 100 francs, en recevant 103 francs, gagne 3 francs pour % : c'est ce qu'on appelle avec gain. Celui qui fournit une lettre de change de 100 francs pour n'en recevoir que 97 veut bien perdre 3 p.^{r} % ; voilà ce qui s'appelle avec perte.

Qu'entend-t-on par lettre de change ?

On entend par lettre de change, un ordre que donne un banquier à son correspondant, de payer à celui qui en sera le porteur, l'argent qu'on lui a compté au lieu de sa demeure.

Sur quoi est fondée la raison de cette négociation ?

La raison de cette négociation, en lettres de change, est fondée sur la difficulté qu'il y aurait souvent de faire passer en espèce une somme quelconque d'un pays à l'autre ; et par ce moyen, le négociant ou tout autre peut remettre au loin et recevoir aussi de loin la valeur des marchandises qu'il reçoit ou qu'il envoie.

Comment fait-on la règle de change ?

La règle de change se calcule comme l'intérêt à tant p.^{r} %.

6

Exemple.

Un marchand de St.-Hippolyte reçoit en payement de son correspondant de Marseille, une lettre de change de 6o5o francs, payable à vue sur Nîmes, et trouvant à la remettre à un autre de son pays qui lui offre 3 p.^{r} % de bénéfice ; savoir combien ce marchand recevra de sa lettre de change ?

O P É R A T I O N.

100 f. : 103 f. : : 6o5o f. : x.

$$103$$

$$18150$$
$$60500$$

$$\begin{array}{l} 623150 \\ 0231 \\ 0315 \\ 0150 \\ 050 \end{array} \left\{ \begin{array}{c} 100 \\ \hline 6231 \text{ f. } + \frac{50}{100} \end{array} \right.$$

Autre Exemple.

Une personne voulant aller de St.-Hippolyte à Paris, et ne voulant pas y transporter en espèce 654o f. qu'il a, trouve un banquier ou autre qui peut lui fournir une lettre de change de pareille somme pour en toucher la valeur à son arrivée à Paris ; mais celui qui peut lui fournir cette lettre, exige 4 p.ʳ % pour le change; savoir combien l'accepteur de la lettre de change comptera en espèces, à celui qui la lui fournira à cette condition ?

OPÉRATION.

100 f. : 104 f. : : 6540 f. : x.

$$104$$

$$\begin{array}{r} 26160 \\ 65400 \end{array}$$

$$\begin{array}{r} 680160 \\ 801 \\ 0160 \\ 060 \end{array} \left\{ \begin{array}{l} 100 \\ \overline{6801 \text{ f.} + \frac{60}{100}} \end{array} \right.$$

Autre Exemple.

Celui qui remet à un autre une lettre de change de 1800 f. en perdant 2 p.ʳ %, combien recevra-t-il ?

OPÉRATION.

100 f. : 98 f. : : 1800 f. : x.

$$98$$

$$14400$$
$$16200$$

$$176400 \left\{ \begin{array}{l} 100 \\ 1764 \text{ f.} \end{array} \right.$$
$$0764$$
$$0640$$
$$0400$$
$$000$$

Autre Exemple.

Une personne de St.-Hippolyte, venue depuis peu de l'Amérique, désirerait trouver quelqu'un qui voulût se charger de 20000 f. qu'il y a laissés. Un jeune négociant qui se dispose à passer dans cette partie de la terre, lui demande une lettre de change pour y recevoir cette somme, à condition qu'on lui accorde 15 p.r %, pour les risques qu'il doit courir ; savoir combien le jeune négociant doit compter pour avoir la lettre de change ?

Opération.

$$100 \text{ f.} : 85 \text{ f.} : : 20000 \text{ f.} : x.$$

$$85$$

$$\overline{}$$

$$100000$$

$$160000$$

$$\overline{}$$

$$1700000 \quad \left\{ \begin{array}{l} \underline{100 \text{ f.}} \\ 17000 \text{ f.} \end{array} \right.$$

$$700$$

$$00000$$

De la règle de Courtage ou de Commission.

Qu'est-ce que la règle de courtage ou de commission ?

La règle de courtage ou de commission est le choix des opérations que l'on doit faire pour connaître le salaire que doivent avoir ceux qui ont le droit de courtage.

Sur quoi est basé le droit de courtage ?

Le droit de courtage est basé sur la facilité que donnent les commissionnaires pour la vente ou l'achat des marchandises.

Sur quoi se règle le courtage ?

Le courtage se règle sur la nature des affaires et les peines du commissionnaire.

Comment se fait la règle de courtage ?

La règle de courtage se fait comme celle de l'intérêt à tant p.r %.

Exemple.

Un commissionnaire a acheté pour 4542 fr. de marchandises. S'il a 4 f. p.^{r} % de courtage à combien se montera sa commission ?

OPÉRATION.

$$100 \text{ f. } : 4 \text{ f. } :: 4542 \text{ f. } : x.$$

$$4$$

$$\begin{array}{l} 18168 \\ 08\,16 \\ 168 \\ 068 \end{array} \left\{ \begin{array}{l} 100 \\ \overline{181 \text{ f. } + \frac{68}{100}} \end{array} \right.$$

Autre exemple.

Un commissionnaire a acheté pour 10900 f. de bas de soie, s'il a 3 f. 50 c. p.^{r} % de courtage , à combien se montera sa commission ?

OPÉRATION.

$$100 \text{ f. } : 3 \text{ f. } 50 \text{ c. } :: 10900 \text{ f. } : x.$$

$$\begin{array}{cc} 100 & 3,50 \\ \hline 10000 & \begin{array}{c} 545000 \\ 32700 \end{array} \end{array}$$

$$\begin{array}{l} 3815000 \\ 081500 \\ 015000 \\ 05000. \end{array} \left\{ \begin{array}{l} 10000 \\ \overline{381\,\text{H} + \frac{5000}{10000}} \end{array} \right.$$

De la règle d'Assurance.

Qu'est-ce que la règle d'assurance ?

La règle d'assurance est le choix des opérations que l'on doit faire pour connaître quelle est la somme, nommée prime d'assurance, qui doit revenir à une compagnie appelée chambre d'assurance, qui s'engage à répondre des pertes que des négocians pourraient faire sur mer.

Comment se calcule l'assurance ?

L'assurance se calcule à raison de tant p.^{r} %, et se paye d'avance.

Exemple.

Un négociant de Marseille fait charger sur un vaisseau à Naples, pour 105484 f. de marchandises, il les fait assurer à raison de 10 $\frac{1}{2}$ p.^{r} %. On demande combien il doit rester dans la caisse d'assurance ?

OPÉRATION.

$100\text{\#} : 10\frac{1}{2} :: 105484\text{\#} : x.$

2	10	21
200	20	105484
	1	210968
	21	2215164
		0215
		01516
		1164
		164

$\left\{ \begin{array}{l} 200 \\ \overline{11075 + \frac{164}{200}} \end{array} \right.$

Autre exemple.

Un assureur a reçu 4540 fr. pour prime d'assurance, à raison de 8 fr. p.^{r} % ; on veut savoir quel est le capital qu'il a assuré ?

Opération.

$$8 \text{ f.} : 100 \text{ f.} :: 4540 : x.$$

$$100$$

$$\overline{}$$

454000 | 8
054 | 56750 f.
6o
4o
000

De la règle d'Avarie.

Qu'est-ce que la règle d'avarie !

La règle d'avarie est le choix des opérations que l'on doit faire pour connaître le dégât survenu à un navire et aux marchandises qu'il contient, depuis leur départ jusqu'à leur retour.

D. Combien y a-t-il de sortes d'avarie ?

Il y en a de deux sortes, savoir : l'avarie grosse et commune, et l'avarie simple.

Qu'entendez-vous par avarie grosse et commune ?

J'entends par avarie grosse et commune, celle qui concerne à la fois le vaisseau et les marchandises.

Qu'entendez-vous par avarie simple ?

J'entends , par avarie simple , celle qui ne regarde que le vaisseau ou les marchandises.

Exemple.

Un navire de la valeur de 400000 f. , avec sa cargaison, a essuyé pour 30000 fr. d'avaries, combien chaque créancier perd-il p.^{r} % ?

Opération.

$$400000 : \quad 30000 :: 100 : x.$$

$$100$$

3000000	⎧ 400000
200000	⎨ ———— 7f. 50 c.
100	⎩

$$20000000$$
$$00000000$$

De la règle de grosse Aventure.

Qu'est-ce que la règle de grosse aventure ?

La règle de grosse aventure est le choix des opérations que l'on doit faire pour connaître le profit d'une somme d'argent ou des marchandises , placés à tant p.^{r} % , sur un vaisseau marchand , au risque de les perdre si le vaisseau périt.

Comment se calcule la grosse aventure ?

La grosse aventure se calcule comme l'intérêt à tant p. %.

Exemple.

Un négociant de St.-Hippolyte a placé à Bordeaux, à grosse aventure et sur le pied de 55 fr. p.^{r} %, une valeur de 150000 fr. On veut savoir combien il doit recevoir de profit, si le vaisseau sur lequel sont ses fonds arrive à bon port.

100 f. : 55 f. : : 150000 f. : x.

$$
\begin{array}{r}
55 \\
\hline
750000 \\
750000 \\
\hline
\end{array}
$$

$$
\left.\begin{array}{l}
8250000 \\
0250 \\
0500 \\
000000
\end{array}\right| \quad \begin{array}{l} 100 \\ \hline 82500 \text{ f.} \end{array}
$$

Autre exemple.

Au retour d'un vaisseau, un négociant reçoit, pour bénéfice de grosse aventure, une somme de 44404 fr., le capital étant placé sur le pied de 25 fr. p.^{r} %. On veut savoir pour combien il avait de marchandises dans le vaisseau, lors de son départ.

Opération.

$$25 \text{ f.} : 100 \text{ f.} :: 44404 \text{ f.} : x.$$

$$
\begin{array}{r}
100 \\
\hline
4440400 \\
194 \\
190 \\
154 \\
40 \\
150 \\
000
\end{array}
\quad
\left\{
\begin{array}{c}
25 \\
\hline
177616 \text{ f.}
\end{array}
\right.
$$

De la règle de Troc.

Qu'est-ce que la règle de troc ?

La règle de troc est le choix des opérations que l'on doit faire pour connaître le prix de l'échange d'un chose contre une autre.

Exemple.

Un marchand a de drap qu'il vend comptant 25 f. 25 c., il voudrait l'échanger contre de la toile qui se vend comptant 8 fr. ; mais le marchand de toile voulant en troc avoir le drap à 24 fr., combien à proportion doit-il estimer sa toile en troc ?

Opération.

25 f. 25 c. : 24 f. ::   8 f. : x.

$$\begin{array}{cc} 800 & 100 \\ \overline{19200} & \overline{800} \end{array}$$

$$\begin{array}{cl} 19200 & \left\{ \begin{array}{l} 2525 \\ \overline{7 \# 60^{c}} \text{ un peu plus.} \end{array} \right. \\ 1525 & \\ 100^{c} & \end{array}$$

152500

1000 reste.

Autre exemple.

Un marchand a de soie qu'il vend comptant 24 f. la livre, il voudrait en échanger 42 livres contre de la colle forte qui se vend comptant 65 fr. le quintal ; savoir combien ce marchand aura en troc de quintaux de colle forte, pour ses 42 livres de soie ?

Opération.

à
$$\begin{array}{cl} 42 \text{ livres} & 1008 \text{ f.} \left\{ \begin{array}{l} 65 \text{ f.} \text{ prix du quintal de la colle.} \\ \overline{15 \text{ quintaux}} \; \frac{33}{65} \end{array} \right. \\ \underline{24 \text{ francs.}} & 358 \\ 168 & 33 \\ 84 & \end{array}$$

1008 prix de la soie.

De la règle de Mélange.

Qu'est-ce que la règle de mélange ?

La règle de mélange est le choix des opérations que l'on doit faire pour déterminer le poids ou la valeur d'une substance qui provient de la réunion de plusieurs autres de différens poids ou de différentes valeurs.

Quel est le but qu'on se propose, dans les questions de mélange ?

Dans les questions de mélange, on se propose en premier lieu, de trouver la valeur moyenne de plusieurs espèces d'objets dont le nombre et la valeur particulière de chacun sont connus ; en second lieu, de trouver les qualités de chaque espèce d'objets qui entre dans un ou plusieurs mélanges, lorsqu'on connaît le prix ou la valeur de chaque espèce, et le prix ou la valeur totale de chaque mélange.

Exemple du premier cas.

Un marchand de vin a mêlé ensemble 100 bouteilles de vin muscat, dont 20 lui ont coûté à raison de 30 centimes, 30 à raison de 25 centimes, et 50 à raison de 20 centimes ; à combien lui revient une bouteille de ce mélange ?

20 bouteilles à 30 c. chacune 600 c.
30   id.   25   id.   750
50   id.   20   id.   1000

Nombre des bouteilles 100   Prix total des bouteilles. 23 # 50 c.

23,50 c. $\left\{\vphantom{\begin{matrix}a\\b\\c\end{matrix}}\right.$ 100 bouteilles.
0350
050   23 c. $\frac{50}{100}$ prix de la bouteille de mélange.

Exemple du second cas.

Un marchand a de la bière de deux qualités ;
savoir ; à 75 centimes, et à 60 centimes la bouteille ; il voudrait les mêler ensemble pour
obtenir une troisième qualité moyenne à 65
centimes la bouteille ; combien doit-il employer
de bouteilles de chaque qualité pour se procurer
un mélange de ce prix ?

OPÉRATION.

0,75 c.   65 c. $\left\{\vphantom{\begin{matrix}a\\b\\c\end{matrix}}\right.$ 5 bouteilles à 0 f. 75 c. $=$ 3 f. 75 c.
0,60   10   id.   0   60 $=$ 6   0
                 ———————————————————————
                 15 b.   à 0 f. 65 c. $=$ 9 f. 75 c.

Qu'est-il bon d'observer ?

Il est bon d'observer que le prix arbitraire,
c'est-à-dire, le prix qu'on veut donner au composé, étant un milieu proportionnel entre les

prix fixés, il faut qu'il soit toujours inférieur à quelqu'un des prix fixés et supérieur à d'autres , et qu'il y ait toujours plus de prix supérieurs, quand les prix fixés sont en nombres impairs.

Comment fait-on la preuve de cette règle ?

Pour faire la preuve , il faut multiplier le prix arbitraire par l'assemblage des prix différens pour avoir un produit ; multiplier aussi chaque prix fixé par sa différence ; et si le produit des deux prix fixés , joints ensemble , est égal à celui du titre arbitraire , la règle est exacte.

De la règle Conjointe.

Qu'est-ce que la règle conjointe ?

La règle conjointe est le choix des opérations que l'on doit faire pour exprimer une même valeur , en différentes monnaies.

Qu'importe-t-il de bien savoir pour se servir de cette règle ?

Il importe de savoir comment il faut poser , arranger les termes , et faire la règle.

Comment pose-t-on une règle conjointe ?

La règle conjointe se pose sur deux colonnes, dont l'une à gauche qui contient les termes antécédens , et l'autre à droite qui contient les termes conséquens. Comme cette règle comprend en elle autant de règles de trois simples qu'elle a d'antécédens, il doit y avoir un rapport exact entre tous les termes qui la composent : ainsi, pour que la règle soit bien posée, il faut que le premier terme, placé à la colonne des antécédens, se rapporte au dernier terme placé à la colonne des conséquens, c'est-à-dire qu'il porte le même nom de la chose indiquée par ce terme ; que le second terme placé vis-à-vis le premier, se rapporte au troisième, placé à la colonne des antécédens, sous le premier terme ; que le quatrième terme se rapporte au cinquième, et ainsi de suite ; enfin, il faut que l'avant-dernier terme se rapporte aussi à celui que l'on cherche.

Exemple.

On sait que 100 centimes font 1 franc, que 3 francs font 60 sous, que 100 sous font 5 francs, que 1 franc vaut 20 sous, que 2 sous valent 1 décime, savoir combien 100 centimes valent de décimes ?

Opération.

1.er terme 100 centimes. = 1 fr. terme second.

3.e terme   3 francs.   = 60 s. terme quatriè.me

5.e terme 100 sous.   = 5 fr. terme sixième.

7.e terme   1 franc.   = 20 s. terme huitième.

9.e terme   2 sous.   = 1 décime pénultième terme.

Combien   100 cent. dernier terme ?

Comment procède-t-on pour faire la règle conjointe ?

Quand la règle se trouve posée comme je viens de dire, on est assuré d'avoir justement le résultat de la question, en procédant de la manière suivante : multiplier successivement tous les conséquens les uns par les autres, savoir, un premier par un second, leur produit par un troisième, et ainsi de suite ; le dernier produit sera le dividende ; multiplier de même tous les antécédens, le dernier produit sera le diviseur. Faire la division, et le quotient sera le terme demandé, lequel doit être de même espèce et de même nom que l'avant dernier de la position.

OPÉRATION.

100	60
3	5
300	300
100	20
30000	6000
2	100
60000	600000

600000 { 60000
000000 {   10 déc. comme veut la question.

Autre exemple.

On suppose qu'une aune de Hollande coûte à Amsterdam 50 ˢ· de gros, que le change auquel

7

on pourrait remettre pour le payement est à 60 d.ˢ de gros de Hollande pour 3 francs de france , et que 5 aunes de france , sont égales à 8 aunes d'Amsterdam ; savoir à combien reviendrait l'aune de Paris en argent de France ?

OPÉRATION.

Antécédent.	Conséquent.
5 aunes de France.	= 8 aunes de Hollande.
1 aune de Hollande.	= 50ˢ de gros d'Amsterdam.
1ˢ de gros.	= 12ᵈ de gros.
60 d. de gros.	= 3 francs de France.
Combien.	1 aune de France ?

$$
\begin{array}{cc}
5 & 50 \\
60 & 8 \\
\hline
300 & 400 \\
 & 12 \\
\hline
 & 4800 \\
 & 3 \\
\hline
\end{array}
$$

14400 | 300
2400 | 48 f. prix de l'aune de France.
0000

Comment fait-on la preuve de la règle conjointe ?

On fait la preuve de la règle conjointe en renversant la position de la règle. C'est-à-dire, en faisant sortir, par une seconde règle con-

jointe un des termes conséquens ou antécédens,
n'importe lequel, mais toujours en observant
l'ordre de la position. Par exemple, pour faire
sortir les 5 aunes de France qui se trouvent aux
antécédens de la règle précédente, il faut rai-
sonner comme à l'exemple suivant. On sait que
le change d'Amsterdam sur celui de France est
de 60 d.ˢ de gros pour 3 francs, ce qui a fait
revenir l'aune à 48 francs ; qu'une aune de
Hollande vaut 50 sous de gros à Amsterdam,
on demande combien 8 aunes de Hollande valent
d'aunes de Paris.

OPÉRATION.

1 aune de Hollande. = 50ˢ de gros.
1ˢ de gros.   = 12 deniers de gros.
60ᵈ de gros.   = 3 francs de France.
48 francs de France. = 1 aune de France.

Combien.   . .   8 aunes de Hollande.

```
  60        50
  48        12
 ————      ————
 480       600
 240         3
 ————      ————
2880      1800
             8
          ————
         14400  ( 2880
         00000  ) ————
                 5 aunes de France.
```

Ne trouve-t-on pas, par le moyen de la règle conjointe, les intérêts des intérêts d'un capital quelconque ?

Par la règle conjointe, on trouve promptement les intérêts des intérêts d'un capital pour tant d'années qu'on voudra, en ayant soin de poser 1.º pour le dernier terme conséquent, la somme du capital, comme étant le sujet de la question ; 2.º le nombre cent, pour antécédent, autant de fois qu'il y aura d'années ; 3.º pour les conséquens, qui seront aussi égaux entr'eux, le nombre cent, augmenté du prix de l'intérêt par an. Cela fait, la règle sera bien posée, et le résultat de l'opération donnera une somme, de laquelle on retranchera le capital, pour avoir les intérêts des intérêts exigés.

Exemple.

Quelqu'un voudrait savoir à combien se monteraient les intérêts des intérêts pour 4 ans du capital 8000 francs, à 6 p.ᴿ % par an.

OPÉRATION.

```
100 donne. . . .    106  ⎫      106
  100. . . . . . . . 106  ⎪      106
  100. . . . . . . . 106  ⎪    ─────
  100. . . . . . . . 106  ⎬      636
                         ⎪     1060
100      Combien. . 8000  ⎭    11236
100                            11236
                              ─────
10000                          67416
10000                          33708
100,000,000                    22472
                               11236
                               11236
                              ───────
                             126247696
                                8000
```

```
de    10099 f. 81 c.     1009981568  ⎰ 100000
ôtez   8000              000998156   ⎱ 10099 f. 81 c.
Intérêt des int. 2099 f. 81 c.  981568
                          81568
                         ────────
                          100 c.
                         ────────
                         8156800
                         0156800
                         056800 le reste se négl.
```

Comment poserait-on la règle, si l'on deman-
dait les intérêts des intèrêts pour un nombre
d'années, suivi d'une partie d'année, soit en
mois et en jours ?

Il faudrait poser la règle pour le nombre des
années complètes, en observant seulement de

mettre pour la partie demandée , un antécédent et un conséquent de plus , c'est-à-dire , toujours 100 pour l'antécédent , et le même nombre 100 au conséquent ; en ayant soin de l'augmenter de l'intérêt qui lui est dû à proportion de l'année , laquelle proportion se trouve , par une règle de trois , comme il est aisé de le voir pour les 6 mois 15 jours compris dans l'exemple suivant.

Exemple.

Savoir à combien se monterait l'intérêt des intérêts de 20000 fr. pour 3 ans 6 mois 15 jours, a raison de 5 p. % par an ?

Opération.

12 mois : 5 f. d'intérêt : : 6 mois 15 jours : x.

30		30
360		180
		15
		195
		5
	975	360
	255	2 f. 70 c. un peu plus.
	100	
	25500	
	00300	

On voit que l'intérêt à 5 p. % donne 2 francs 70 centimes pour 6 mois 15 jours; donc 102 francs 70 c. sera l'avant-dernier terme de la règle conjointe.

OPÉRATION.

100	100 f. donne	105 f.	105
100	100 f.	105	105
10000	100 f.	105	525
10000	100 f.	102 f. 70 c.	1050
100000000	Combien	20000 f.	11025
100 c.			105

10000		55125
23777,6175	10,000	110250
037776	23777 f. 61 c.	1157625
077761		102 f. 70
077617		81033750
076175		2315250
06175		11576250
100 c.		11888808750
61750,0		20000
017500		237776175

07500 le reste se néglige.

Ayant trouvé pour résultat 23777 francs , 61 centimes , somme qui contient le capital et l'intérêt des intérêts pour ledit temps ; si l'on veut obtenir l'intérêt des intérêts , on divisera cette somme par les 20000 francs du capital , et l'on aura au quotient 3777 francs 61 centimes pour l'intérêt des intérêts.

De la Racine carrée.

Qu'entendez-vous par puissance ou carré d'un nombre ?

J'entends par puissance ou carré d'un nombre, le produit qui résulte de la répétion de ce nombre comme facteur.

Lorsqu'un nombre est deux fois facteur, comment s'appelle le produit ?

Lorsqu'un nombre est deux fois facteur, le produit s'appelle seconde puissance de ce nombre, ou carré de ce nombre. Ainsi, 4 est la seconde puissance ou le carré de 2 multiplié par lui-même.

Qu'est-ce que la racine carrée d'un nombre ?

La racine carrée d'un nombre est le facteur qui ayant été deux fois facteur a produit ce nombre. 3 Est la racine carrée de 9 ; car 3 est 2 fois facteur dans le produit 9.

Voici tous les carrés des 9 figures significatives dont on se sert dans l'Arithmétique.

Racine 1—2—3—4—5—6—7—8—9
Carré 1—4—9—16—25—36—49—64—81

A quoi servent ces deux lignes ?

Ces deux lignes servent à faire connaître que le carré d'une figure n'en contient que deux au plus ; que la racine carrée d'un nombre composé de deux figures, ne peut être que d'un seul chiffre ; mais que quand un nombre carré

résulte de deux figures multipliées par elles-
mêmes, il en renferme trois au moins; de
manière que lorsqu'il s'agira de trouver la racine
carrée d'un nombre quelconque, il faudra opérer
de la manière suivante.

Exemple.

On propose d'extraire la racine carrée de 1936.

Comment faudra-t-il opérer pour trouver le
résultat demandé ?

Il faudra partager en section de deux en deux
figures, de la droite à la gauche, le nombre
donné, lequel formera deux figures pour sa
racine.

OPÉRATION.

1936 { diviseur   84.
336 racine carrée 44.
000

On cherchera ensuite la racine, en commençant par extraire celle de la première section
à gauche, en disant : la racine de 19 est de 4 :
ce 4 sera donc la première figure de la racine
que l'on cherche. Multipliant cette première
racine 4 par elle-même, il vient 16, qu'il faudra
soustraire de la section qui l'a produite, en disant:
de 19 ôte 16, reste 3, qu'il faudra poser dessous
cette première section. Descendant ensuite les
deux chiffres de la section suivante, l'on aura

336 ; doublant la première figure trouvée pour racine , l'on aura 8 , qu'il faudra poser au-dessus de ladite racine pour diviseur ; puis divisant le reste 336 par ce diviseur , on dira : en 33 combien y a-t-il de fois 8 ? On trouvera 4 qu'il faudra joindre à la racine pour avoir 44 , et qu'il faudra joindre aussi au-dessus pour avoir 84 au diviseur ; de sorte qu'en terminant la division , on multipliera le diviseur par la dernière racine 4, et il produira autant que le nombre 336 qui sera celui que l'on aura divisé ; ce qui fera connaître qu'il ne reste rien , et que la racine du nombre carré 1936 est justement de 44.

Comment fait-on la preuve de la racine carrée?

Pour faire la preuve de la racine carrée , il n'y a qu'à multiplier la racine 44 par elle-même, et si elle produit 1936 , l'opération sera exacte.

OPÉRATION.

$$
\begin{array}{r}
44 \\
44 \\
\hline
176 \\
176 \\
\hline
1936
\end{array}
$$

Si le nombre dont nous venons d'extraire la racine carrée eût été plus grand de deux figures, comment aurait-il fallu procéder ?

Il aurait fallu , dans ce cas , trouver un autre

chiffre pour le placer à la racine, en opérant comme il suit :

Exemple.

Ajoutons 48 au même nombre, il faut le placer ainsi :

$$193648 \left\{ \begin{array}{l} \text{diviseur } 880 \\ \hline \text{racine} \quad 440 \end{array} \right.$$

336

Et replacer la racine comme dessus 48

Pour continuer l'opération, il faut descendre la section que je viens d'ajouter pour avoir un nombre à diviser, et je double la racine déjà trouvée, qui donne 88 pour second diviseur, que je pose à la suite du premier diviseur; ensuite, venant au nombre à diviser, je dis : en 48, combien y a-t-il de fois 88 ? Point ; par conséquent, je pose zéro à la racine, ainsi qu'au dernier diviseur, et il reste 48, parce que le nombre 193648 n'est pas carré. La racine carrée du nombre 193648 est donc de 440. Si l'on multiplie 440 par lui-même, en ajoutant le reste 48 au produit, on aura justement le nombre proposé 193648 comme dessus.

OPÉRATION.

$$
\begin{array}{r}
440 \\
440 \\
\hline
17600 \\
17600 \\
48 \\
\hline
193648
\end{array}
$$

S'il y avait 4 figures à prendre dans le nombre proposé, qui aurait alors quatre sections, comment faudrait-il opérer ?

Il faudrait opérer pour la quatrième racine comme nous avons fait et dit pour les autres, excepté à la première, dont l'opération est toujours la même en commençant la règle.

Quand on veut trouver la racine carrée à $\frac{1}{10}$ près, d'un nombre qui n'est pas carré, comment procède-t-on ?

Il faut ajouter deux zéros à ce dernier nombre, duquel en extrayant la racine, il viendra des dixièmes. Si l'on veut trouver la racine carrée à $\frac{1}{100}$ près, il faut ajouter 4 zéros au nombre, duquel on cherche la racine carrée, et il viendra des centièmes, et ainsi de suite.

Exemple.

On propose d'extraire la racine carrée du nombre 4545 à $\frac{1}{10}$ près, comment procède-t-on ?

Il faut ajouter deux zéros, comme je viens de le dire, au nombre à extraire.

OPÉRATION.

```
454500  ⎰ 127 —— 1344
   945  ⎱ 67,4
  5600
   224
```

On voit que la racine carrée de 4545 est de $67\frac{4}{10}$ à moins d'un dixième près, puisqu'il y a un reste. En faisant la preuve, nous saurons ce qu'il manque pour avoir le nombre donné 4545.

Preuve.

$67\frac{4}{10}$ qui réduits font 674/10
$67\frac{4}{10}$ 674/10

$$
\begin{array}{r}
2696 \\
4718 \\
4044 \\
\hline
454276
\end{array}
\Big\} 100
$$

La racine $67\frac{4}{10}$ multipliée par elle-même, produit la fraction 454276/100, de laquelle le numérateur étant divisé par son dénominateur, le quotient donne $4542 + \frac{76}{100}$, ce qui prouve qu'il ne manque que $\frac{224}{100}$.

Opération.

	4542	+	76
			100
			224
Total	4545		100

Comment procède-t-on pour extraire la racine carrée d'un nombre avec fraction ?

Il faut réduire les entiers en cette fraction,

extraire la racine carrée du numérateur pour avoir un nouveau numérateur, et en faire de même au dénominateur.

Comment procède-t-on pour extraire la racine carrée d'une fraction seulement?

Il faut réduire la fraction à sa plus petite dénomination, et si le numérateur et le dénominateur sont nombres carrés, il faut en prendre la racine.

Exemple.

$\frac{63}{175}$ se réduisent à $\frac{9}{25}$, dont la racine du numérateur est 3, et celle du dénominateur est 5. Donc $\frac{3}{5}$ sont la racine carrée de $\frac{9}{25}$.

Preuve.

$$\frac{3}{5} \times \frac{3}{5} = \frac{9}{25}.$$

Si le numérateur et le dénominateur ne sont pas nombres carrés, comment procéderait-on?

On ne pourrait dans ce cas, en avoir la racine approchante que par la méthode des entiers précédemment expliquée.

Comment procède-t-on pour extraire la racine carrée d'un nombre entier avec fraction?

Il faut réduire les entiers en fractions, ajouter le numérateur de la même fraction, puis en extraire la racine comme il a été dit, et comme il suit :

Opération.

$12 \frac{1}{4} = \frac{49}{4}$, dont la racine est $\frac{7}{2}$.

Ainsi : $3 \frac{1}{2}$ est la racine carrée de $12 \frac{1}{4}$.

Preuve.

$$\frac{7}{2} \times \frac{7}{2} = \frac{49}{4} \text{ ou } 12 + \frac{1}{4}.$$

De la Racine cubique.

Qu'est-ce que la racine cubique d'un nombre ?

La racine cubique d'un nombre est le facteur qui ayant été 3 fois facteur a produit ce nombre.

A quoi sert la racine cubique ?

La racine cubique sert à trouver un nombre qui exprime un corps solide compris sous trois dimensions ; savoir , longueur , largeur et épaisseur.

Lorsqu'un nombre est trois fois facteur , comment s'appelle le produit ?

Lorsqu'un nombre est trois fois facteur , le produit s'appelle troisième puissance de ce nombre , ou cube de ce nombre.

Lorsqu'un nombre n'est pas un cube parfait , comment s'appelle la racine cubique ?

Lorsqu'un nombre n'est pas un cube parfait, sa racine cubique s'appelle nombre irrationnel ou incommensurable.

Qu'est-il nécessaire , avant tout , de savoir

par cœur, pour extraire la racine cubique d'un nombre ?

Pour extraire la racine cubique d'un nombre, il est nécessaire, avant tout, de savoir par cœur les cubes des 9 premiers nombres. Les voiei :

Racines ;

1—2—3—4—5—6—7—8—9
Nombres carrés ,
1—4—9—16—25—36—49—64—81.
Nombres cubes
1—8—27—64—125—216—343—512—729.

Que doit-on conclure de ces trois lignes de chiffres ?

On doit conclure de ces trois lignes de chiffres, que le nombre cube, qui provient d'un seul chiffre, ne peut être compris que sous trois figures au plus, et par le contraire, qu'un nombre cube, exprimé par trois figures, ne peut avoir qu'un chiffre pour racine.

Quel ordre faut-il suivre, lorsqu'il s'agit d'extraire la racine cubique d'un nombre composé de 4, de 5, de 6 et plus de chiffres ?

Le nombre duquel on doit extraire la racine cubique étant donné, il faut le séparer par des sections de trois en trois figures, en commençant à droite, parce qu'il arrive souvent qu'il n'y a qu'une ou deux figures dans la première section à gauche ; et comme cette règle est une division fort compliquée , elle demande la plus grande attention à l'exécuter.

Qu'est-il bon de remarquer ?

Il est bon de remarquer qu'il doit se trouver à la racine cubique, comme à la racine carrée , autant de chiffres qu'il y a de sections dans le nombre proposé. Soit proposé pour exemple d'extraire la racine cubique de 144548.

Comment Procède-t-on pour extraire la racine cubique du nombre proposé ?

Pour extraire la racine cubique du nombre proposé, il faut , 1.° diviser en deux sections le nombre donné. 2.° Retrancher de la première section 144, son plus grand cube, qui est 5, pour avoir 19 en reste , et voyant que la racine de 144 est 5, on porte ce 5 au quotient , pour avoir la première figure radicale du nombre proposé. , (on opère toujours de la sorte en commençant la règle.) 3.° Pour avoir la seconde figure à la racine , il faut descendre la seconde section , et l'on trouve 19548 pour dividende ; et pour trouver le diviseur , il faut carrer la racine 5, c'est-à-dire, multiplier 5 par lui-même pour avoir 25, puis tripler ce nombre carré, et il viendra 75 pour diviseur, que l'on pose sous le nombre à diviser , en laissant deux places vides à la droite ; on examine ensuite , comme dans la division , combien de fois le diviseur

195 se trouve dans les figures du nombre à
diviser qui sont au-dessus du diviseur ; ce qui
veut dire , en 195 combien de fois 75 ? Ainsi,
pour diviser , on dit : en 19 combien de fois 7 ?
Il y est deux fois ; on pose 2 pour seconde
figure de la racine , afin d'avoir 52 ; mais pour
être sûr que 2 est la véritable figure radicale ,
il faut faire les trois opérations suivantes : on
multiplie, comme il se voit à la lettre A , le
diviseur 75 par la seconde figure de la racine
qui est 2 , pour avoir au produit 150. On triple
la première racine 5 pour avoir 15 ; on carre
la seconde racine 2 pour avoir 4 , et l'on multiplie 15 par 4 pour avoir au produit 60, que
l'on pose sous les 150, comme on le voit en
B , en avançant d'une figure. On prend ensuite
le cube de la seconde racine 2, en disant : 2 fois
2 font 4, et 2 fois 4 font 8, que je porte en
C sous les autres nombres, en avançant aussi
d'une figure ; enfin, faisant l'addition de ces
3 nombres trouvés, le total est de 15608 que
je retranche du nombre à diviser , après les
avoir posés sous le diviseur ; et il reste 3940.
La racine cubique de 144548 est donc de 52
et il reste 3940 , parce que le nombre proposé
n'est pas un cube parfait.

OPÉRATION.

$$
\begin{array}{r|l}
144{,}548 & \text{racine} \\
19548 & 52 \\
75 & \\
19548 &
\end{array}
$$

A. 75

2

150

B. . . . 60

C. . . . 8

15608

Reste   3940

Quand le nombre donné n'est point cube, que fait-on du reste de l'extraction ?

Quand le nombre donné n'est point cube, après en avoir extrait la racine, il faut prendre le reste de l'extraction, et le poser sur une ligne pour numérateur ; tripler ensuite la racine, et multiplier ce triple par la racine même, joindre enfin les deux produits pour avoir le dénominateur.

OPÉRATION *pour l'Exemple précédent.*

$$
\begin{array}{rr}
52 & \quad 3940 \\
3 & \quad \overline{8268} \\
\hline
156 \text{ triple} & \\
52 & \\
\hline
312 & \\
780 & \\
\hline
8112 & \\
156 & \\
\hline
8268 &
\end{array}
$$

Comment fait-on la preuve de la racine cubique ?

pour faire la preuve de la racine cubique, il faut multiplier la racine par elle-même, et multiplier encore ce produit par la racine pour avoir le nombre proposé, après avoir ajouté à ce dernier produit le reste de l'opération.

OPÉRATION.

$$
\begin{array}{r}
52 \\
52 \\
\hline
104 \\
260 \\
\hline
2704 \\
52 \\
\hline
5408 \\
13520 \\
\end{array}
$$

reste $\quad 3940$

144548 produit égal au nombre proposé.

Comment procède-t-on pour extraire la racine cubique d'une fraction ?

Pour extraire la racine cubique d'une fraction, il faut réduire la fraction à sa plus petite dénomination, et si le numérateur et le dénominateur sont nombres cubes, il en faut extraire la racine cubique comme il suit.

Soit proposé d'extraire la racine cubique de $\frac{270}{2160}$.

Cette fraction se réduit à $\frac{27}{216}$, dont la racine sera de $\frac{3}{6}$, puisque la racine cubique de 27 est 3; et celle de 216 est 6.

Comment effectue-t-on l'extraction de la racine cubique d'une fraction arithmétique, lorsque le dénominateur seulement est un cube parfait ?

Lorsque le dénominateur est un cube parfait, on transforme le numérateur en expresion fractionnaire décimale qui ait pour dénominateur le cube de l'ordre décimal que l'on veut avoir à la racine. Cette préparation faite, l'on extrait la racine cubique de l'expression fractionnaire, et l'on divise le résultat, par la racine cubique du dénominateur de la fraction arithméti ue proposée. Soit proposé d'extraire la racine cubique de $\frac{3}{6}$ à moins d'un dixième près ?

Je commence par transformer le numérateur 3 en expression fractionnaire qui ait pour dénominateur le cube de 10, c'est-à-dire, de 1000, et je trouve $\frac{3000}{1000}$: j'extrais la racine cubique du

numérateur 3ooo, et ensuite celle du dénominateur 1ooo; le résultat sera divisé par la
racine cubique 2 du dénominateur 8 de la fraction arithmétique proposée.

OPÉRATION.

3ooo	{ racine.		1ooo	{ racine.
2ooo	{ 1,4		0ooo	{ 10
3				
2ooo				
———				
3				
4				
———				
12			14	{ 2
48			oo	{ 7
64				
———				
1744				

256 le reste se néglige.

L'extraction de la racine cubique 3ooo me
donne 14; j'obtiens 10 de celle du dénomina-
nateur 1ooo, ensorte que je trouve, pour racine
cubique de $\frac{3ooo}{1ooo}$ la racine $\frac{14}{10}$ qui signifie, en lan-
gage décimal, 1, 4. Ayant trouvé 1, 4 pour
l'extraction de la racine cubique du numérateur
3 à moins d'un dixième près, je divise 1, 4 par la
racine cubique du dénominateur 8 de la frac-
tion $\frac{3}{8}$, je trouve o, 7, c'est-à-dire 7 dixièmes.

Lorsque le numérateur, ni le dénominateur
d'une fraction arithmétique n'est un cube parfait,

on multiplie les deux termes de la fraction arithmétique par le carré du dénominateur , ce qui
ne change pas la valeur de la fraction. Par cette
préparation , le dénominateur est devenu un
cube parfait , ensorte que l'extraction de la
racine cubique rentre dans le cas précédent.

Des dimensions.

Qu'entendez-vous par dimensions des objets
mesurables ?

J'entends par dimensions des objets mesurables l'étendue des corps connue sous les noms
de longueur , hauteur , largeur ou épaisseur.

Que faut-il donc observer ?

Il faut observer , 1.° qu'un objet qui n'a qu'une
dimension , est celui dont on n'a qu'une seule
idée , et qui s'entend ordinairement par longueur. 2.° Qu'un objet qui n'est conçu que sous
deux dimensions , comprend longueur et hauteur , ou longueur et largeur. 3.° Qu'un objet
qui se distingue par trois dimensions , en com-
prenant longueur, largeur et épaisseur, s'appelle
solide.

Donnez un exemple du premier cas ?

Si une personne dit , j'ai une pièce de drap
de 20 mètres , chacun se figure une ligne dont
la longueur est de 20 mètres. Conséquemment ,
s'il est question d'en trouver la valeur , en sachant que le prix du mètre est de 20 francs ,
il n'y aurait qu'à faire une simple multiplication.

OPÉRATION.

20 mètres.

20 f. , le mètre.

_____

400 f. prix des 20 mètres.

Donnez un exemple du second cas ?

Si quelqu'un dit, j'ai un jardin qui est clos par un mur, dont tous les côtés sont de 40 mètres de longueur, chacun comprend que ce terrain forme un plan carré, et que l'on peut en trouver la superficie ou le contenu, en multipliant (un des côtés par un autre. Le produit sera la réponse.

OPÉRATION.

40 mètres.

40

_____

1600 mètres, superficie du carré.

Que suit de là ?

Il suit de là que celui qui dirait, j'ai une vigne qui a 1600 mètres de superficie, pourrait, en extrayant la racine carrée de ce nombre, trouver la longueur d'un côté, qui ferait connaître celle des autres, si la vigne était carrée.

OPÉRATION.

16,00 mètres. $\{$ 80

0000   _____

                                40

Donnez un exemple du troisième cas?

Je suppose qn'une figure cube ait trois mètres de hauteur, elle aura donc 3 mètres de longueur et trois mètres d'épaisseur, pour savoir quelle est sa contenance, il faudra multiplier 3 par 3, et nous aurons 9; multipliant 9 par 3, il viendra 27 pour le nombre de mètres cubes que contiendra la figure.

OPÉRATION.

$$
\begin{array}{r}
3 \\
3 \\
\hline
9 \\
3 \\
\hline
27 \\
\hline
\end{array}
$$

Donnez d'autres exemples sur les deux dimensions ?

Quelqu'un veut vendre un pré qui a 5o.m 6o.c de longueur, sur 45.m 2oc de largeur, à raison de 3 francs 5o.c le mètre carré; on demande la valeur de ce pré?

OPÉRATION.

$$
\begin{array}{r}
5om, 6oc \\
45\text{---}2o \\
\hline
101200 \\
2530 \\
2024 \\
\hline
22871200 \\
\hline
\end{array}
$$

Comment faut-il procéder pour en trouver la valeur ?

Pour en trouver la valeur, il faut multiplier la quantité de mètres et centimètres trouvés, par le prix du mètre carré.

OPÉRATION.

2287^{m}, 12 centimètres.
3 ₶ 5o centimes.
_____

1 1 4356   oo
686 1 36
_____

8oo4₶92^{c} oo

On voit par cette multiplication que le pré coûtera 8oo4 francs 92 centimes.

Autre exemple.

Un maçon veut mavonner un appartement qui a 5 toises 4 pieds 5 pouces de longueur, sur 4 toises 4 pieds 8 pouces de largeur, il doit y employer des mavons d'un pan carré ; savoir combien il en faudra pour mavonner ledit appartement ?

Comment faut-il procéder pour trouver le résultat de la question ?

Il faut, 1.º réduire en pouces les deu x dimensions ; 2.º multiplier l'une par l'autre pour avoir la superficie en pouces carrés, que l'on divisera ensuite par 81 pouces que contient le pan carré, et l'on aura le résultat.

OPÉRATION.

Longueur.	Largeur.
5 toises 4 pieds 5 pouces.	4 toises 4 pieds 8 pouces.
6 pieds	6

34 pieds	28
12 pouces	12

413 pouces	344
344 pouces	

1652
1652
1239

142,07,2 pouces	81 pouces carrés.
610	1753 mavons.
437	
322	

79 le reste se néglige.

Autre exemple.

Un maçon a fait un ouvrage de 28 pieds carrés, à raison de 3 f. 10 sous la toise carrée, on demande combien il lui revient?

Pour le savoir, il faut faire la règle de trois suivante :

OPÉRATION.

36 pieds carrés : 3 f. 10 s. : : 28 pieds carrés : x

20	20
720	70
	28
	560
	140
	1960
	520
	20
	10400
	3200
	320
	12
	3840

{720

2 f. 14 s. 5 d. un peu plus.

240 le reste se néglige.

Donnez d'autres exemples sur les trois dimensions ?

On demande combien il en coûtera pour faire un fossé de 26 toises 4 pieds et 4 pouces de longueur, sur 8 toises 4 pieds et 4 pouces de largeur, et 2 toises 3 pieds 4 pouces de profondeur, à raison de 5 sous la toise cube ?

Pour répondre à cette question, il faut considérer que la toise cube a 216 pieds cubes ou

373248 pouces cubes ; ainsi, en réduisant en pouces, les toises, les pieds et les pouces de chaque dimension, on multipliera successivement l'une par l'autre, les trois dimensions ; savoir, la longueur en pouces par la largeur réduite en pouces, et le produit par la profondeur aussi réduite en pouces, pour avoir 222,322048 pouces cubes pour la solidité, que l'on divisera ensuite par un pied cube réduit en pouces, c'est-à-dire, par 1728 pouces cubes que contient la toise cube, et il viendra au quotient 128,658 pieds cubes, et 1024 pouces cubes; enfin, on divisera ces 128,658 pieds cubes par 216 pieds cubes que contient la toise cube, et il viendra au quotient 595 toises cubes, et 138 pieds cubes.

Opération.

Longueur.	Largeur.	Profondeur.
26 toises 4 pieds 4 pouces.	8 t. 4 p. 4 p.	2 t. 3 p. 4 p.
6	6	6
160	52	15
12	12	12
1924	628	184

1924 longueur.
628 largeur.

15392
3848
11544

1208272

184 profondeur.

4833088
9666176
1208272

222322048 $\left\{\rule{0pt}{2.5em}\right.$ 1728
04952   128658 pieds cubes ⊹ 1024
14962
11380
10124
14848

1024 pouces que j'ajoute au quotient.

1286,58 $\left\{\rule{0pt}{2em}\right.$ 216
2065   595 toises cubes, 138 pieds cubes et 1024 pouces cubes.
1218

Reste 138 pieds cubes.

Ledit fossé a donc 595 toises 138 pieds , et 1024 pouces , qu'il convient d'évaluer à raison de 5 sous la toise cube.

Comment procéderez-vous ?

Puisque la toise cube contient 373248 pouces cubes , et que les trois dimensions produisent 222322048 pouces cubes , pour la solidité dudit fossé , il n'y a qu'à faire la règle de trois suivante , pour savoir combien coûtera ce fossé.

OPÉRATION.

373248 pouces cubes $: 5 :: 222322048 : x$

$$5$$

1111610,240	373248
3651142	297,8 sous 2 den.
2919104	148 # 18 s. 2 d.
3063680	
077696	
	12 deniers.

932352

185856 le reste se néglige.

Ne peut-on pas , pour trouver une superficie ou bien une solidité , se servir d'une autre méthode ?

On peut trouver une superficie ou une solidité , en opérant par une multiplication complexe , en multipliant les toises par les toises , et en prenant les parties d'en bas sur les toises d'en haut seulement ; mais les parties d'en haut se prennent sur les toises et les parties de toises d'en bas.

Exemple.

Une pierre de taille a 1 toise 3 pieds de longueur sur 3 pieds 6 pouces de largeur, et 3 pieds d'épaisseur, savoir quelle est la solidité ?

Opération.

<pre>
                    1 toise 3 pieds de longueur
          par o — 3 — 6 pouces de largeur
</pre>

Pour 3 pieds d'en bas o toise 3 pieds
Pour 6 pouces—idem o — o — 6 pouces
Pour 3 pieds d'en haut o — 1 — 9

<pre>
                    o toise 5 pieds 3 pouces
                    o toise 3 pieds—d'épaisseur
</pre>

Pour 3 pieds d'en haut o toise 1 pied 6 pouces
Pour 1 — idem— o — o — 6 pouces
Pour 1 — idem— o — o — 6 pouces
Pour 3 — idem— o — o — 1 p. 6 lignes.

<pre>
          2 pieds 7 p. 61. { solidité
                          { de la pier-
                          { re de taille
</pre>

Comment procède-t-on pour réduire les pieds, pouces et lignes en pieds cubes, pouces cubes et lignes cubes, s'il y en a ?

Il faut faire la règle suivante ; en disant :

Si 6 pieds font 216 pieds cubes ; combien 2 pieds 7 pouces 6 l.

$$
\begin{array}{ccc}
12 & 378 & 12 \\
\hline
72 & 1728 & 31 \\
12 & 1512 & 12 \\
\hline
144 & 648 & 378 \\
72 & \overline{81648} \;|864 \\
864 & 3888 \;| \;\; 94 \text{ pieds cubes } 854 \text{ pouces cub.} \\
& 432 \\
& 1728 \\
& \overline{3456} \\
& 864 \\
& 3024 \\
& 432 \\
& \overline{746496} \\
& 5529 \\
& 3456 \\
& 0000
\end{array}
$$

Pourquoi réduit-on en tant de pieds et de de pouces cubes, une toise cube, ou un pied cube, en tant de pouces cubes ?

Parce qu'il a été dit qu'un nombre multiplié successivement deux fois par lui-même donne sa mesure cube, et comme la toise a 6 pieds, si je multiplie 6 par 6, j'aurai 36, qui multipliés par 6 encore, donneront 216, et autant contient de pieds cubes la toise cube. De même,

9

le pied ayant 12 pouces, si je multiplie 12 par 12, j'aurai 144, qui multipliés encore par 12, produiront 1728, et autant contient de pouces cubes le pied cube.

Ainsi, quand on a des pouces cubes à réduire en pieds cubes, il faut les diviser par 1728 pouces cubes qu'il y a dans un pied cube, et quand on a des pieds cubes à réduire en toises cubes, il faut les diviser par 216 pieds cubes, qu'il y a dans une toise cube. Ces mêmes principes s'étendent sur toute autre mesure dont on connaît le contenu et la subdivision.

Comment jauge-t-on un tonneau ?

Pour jauger un tonneau, il faut prendre les surfaces du cercle de la base et deux fois le cercle de la bonde ; ajouter ces deux nombres, et multiplier la somme par le tiers de la longueur du tonneau. Ces mesures doivent être prises à la partie intérieure, sans cela l'épaisseur du bois serait comprise dans ce volume.

Exemple.

Un tonneau à 60 centimètres de profondeur à la bonde, 56 à la base, sa longueur est de 99 centimètres ; quelle est sa capacité ?

OPÉRATION.

Les rayons sont 30 et 28.

$$
\begin{array}{l}
\quad 28 \\
\quad 28 \\
\hline
\quad 224 \\
\quad 56 \\
\hline
\quad 784 \\
\quad 3\frac{1}{7} \\
\hline
2352 \\
112 \\
\hline
2464 \\
\end{array}
\qquad
\begin{array}{l}
\quad 30 \\
\quad 30 \\
\hline
\quad 900 \\
\quad 3\frac{1}{7} \\
\hline
2700 \\
128\frac{4}{7} \\
\hline
2828\frac{4}{7} \\
2828\frac{4}{7} \\
\hline
2464 \\
\hline
8121\frac{1}{7} \\
\end{array}
$$

8121 en négligeant la fraction.

33 tiers de la longueur.

24363

24363

267993 centimètres cubes.

Comme 1000 de ces centimètres font un décimètre cube ou un litre, la capacité est de 267
litres et 993 centimètres cubes.

Des règles de fausse position.

Qu'est-ce qu'une règle de fausse position ?

On appelle règle de fausse position, une règle
dont le but est de partager un nombre donné,
en parties proportionnelles, non à des nombres
donnés, mais à des nombres que l'on choisit soi-
même d'après les conditions énoncées dans la
question.

Combien y a-t-il de manières pour opérer
cette règle?

On peut opérer cette règle de deux manières ;
savoir, en simple fausse position, et en double
fausse position.

Exemple sur la fausse position simple.

On demande quel est le nombre dont la $\frac{1}{2}$ et le $\frac{1}{3}$ fassent justement 20 ?

12, nombre supposé.

dont la $\frac{1}{2}$ est de   6

et le $\frac{1}{3}$ de   4

Ce qui fait   10, et devrait faire 12.

Ainsi, voyant que 10 contient, justement la $\frac{1}{2}$ et le $\frac{1}{3}$ de 12, et que 20 doit contenir aussi justement la $\frac{1}{2}$ et le $\frac{1}{3}$ du nombre que nous cherchons, disons par règle de trois.

$$10 : 12 :: 20 : x$$

$$12$$

$$240 \left|\, \begin{array}{l} 10 \\ \hline 24 \text{ pour la réponse réquise.} \end{array} \right.$$

$$040$$

$$00$$

Effectivement, 24 est le nombre demandé, puisque la $\frac{1}{2}$ et le $\frac{1}{3}$ de ce nombre donnent justement 20.

OPÉRATION.

24 nombre trouvé.

dont la $\frac{1}{2}$ est   12

et le $\frac{1}{4}$ de   8

qui font   20, comme il est demandé.

Autre Exemple.

On demande un nombre, qui étant divisé par 20, et le quotient multiplié par 10, le produit soit de 140 ?

Puisqu'on peut supposer le nombre qu'on veut, supposons 40, qui, étant divisés par 20, donnent 2 au quotient, lequel multiplié comme il est dit, donne 20 pour produit.

Connaissant actuellement les trois termes de la règle de trois suivante, je dis :

$$20 : 40 :: 140 : x$$

$$40$$

$$
\begin{array}{c|l}
5600 & 20 \\
160 & 280 \text{ pour réponse.} \\
000 &
\end{array}
$$

Ainsi, divisant 280 par 20, il vient 14, qui, étant multipliés par 10, donnent 140, comme veut la question.

$$
\begin{array}{c|c}
28,0 & 20 \\
80 & 14 \\
00 & 10 \\
\hline
& 140
\end{array}
$$

A quoi sert la règle de double fausse position ?

La règle de double fausse position, sert à trouver le nombre demandé par une question qu'on ne peut résoudre par la simple fausse position ; ainsi, on se servira de deux nombres pris à volonté qu'on posera alternativement, et par le moyen desquels on suivra le sens de la question. Chaque opération faite suivant le sens de la demande, donnera un résultat, et ce résultat fera connaître de combien on s'est éloigné du véritable, c'est-à-dire, combien on a trouvé de plus ou de moins.

Où devra-t-on poser le plus ou le moins que l'on aura trouvé ?

Il sera mis vis-à-vis le nombre supposé, et sera désigné à la première opération, sous le nom de première différence, et l'autre de seconde.

Comment désignera-t-on les deux nombres pris à volonté ?

Les deux nombres pris à volonté seront désignés par la première fausse position et seconde fausse position, qui, par leur différence, feront connaître si la règle est droite ou inverse.

Comment connaît-on, quand la règle est droite, ou inverse ?

On connaît que la règle est droite, quand les différences sont toutes deux plus, ou toutes deux moins ; et qu'elle est inverse, quand, par le contraire, l'une est plus et l'autre moins.

Exemple.

On demande un nombre duquel la $\frac{1}{2}$ et le $\frac{1}{3}$ fassent justement 20 ?

1re fausse position 6 -- 15 pour différence. 2e fausse position 12--10, 2e différence.

dont la $\frac{1}{2}$ est	3	dont la $\frac{1}{2}$ est	6	
et le $\frac{1}{3}$	2	et le $\frac{1}{3}$	4	
qui font	5	qui font	10	
et devrait faire	20,	et devrait faire	20	
la différence		la différence		
est donc de moins	15	est donc de moins	10	

Voyant que les deux différens sont moins, la règle est reconnue droite ; ainsi, il s'agit de continuer l'opération pour trouver par la division le nombre que nous cherchons.

Que faut-il donc faire ?

1.º Pour avoir le dividende, il faut toujours multiplier la première fausse position par la seconde différence, en mettant le produit à part ; de même, il faut multiplier la seconde fausse position par la première différence, en mettant aussi le produit à part ; cela fait, on ôtera le plus petit produit du plus fort, et le reste de cette soustraction sera le dividende. 2.º Pour avoir le diviseur, il faut ôter la plus petite différence de la plus grande ; puis faisan la division, le quotient sera la réponse.

Suite de l'Opération.

6 1re fausse position   12 2e fausse position.

10 2e différence   par 15

$$\overline{}$$

60   180

                          ôtez   60

Il reste pour dividende   120

           15, première différence, de laquelle il faut ôter   10, seconde différence

Il reste   5 pour diviseur.

Division.

120   5

 20   24 pour la réponse.

 00

Que suit-il de là ?

Il suit de là, que par les deux fausses positions, on peut résoudre toutes les questions données sur la fausse position simple, puisque cette question que nous venons de résoudre est la même que la première que nous avons résolue par la simple fausse position ; mais il ne serait pas possible, par la simple fausse position de résoudre une question absolument donnée sur les deux fausses positions.

Autre exemple.

Une personne à qui l'on demande combien elle a de louis dans la bourse qu'elle tient à la

main, répond : si j'avais le $\frac{1}{3}$ et le $\frac{1}{4}$ en su
de la quantité que j'ai, et 10 louis de plus,
j'aurais 100 louis, savoir combien cette personne
veut dire qu'elle a de louis ?

1re fausse position 12.--83, 1re différence   2e fausse position 240+50 2e diff.

dont le $\frac{1}{3}$ est	4		dont le $\frac{1}{3}$ est	80
et le $\frac{1}{4}$	3		et le $\frac{1}{4}$	60
plus	10		plus	10

le tout fait   17 louis au lieu de 100.   ce qui fait   150 au lieu de 100
la différence est donc de 83.   la différence est donc de 50.

Voyant que les différences sont l'une moins
et l'autre plus, la règle est reconnue inverse ;
ainsi, il s'agit de continuer l'opération pour
trouver par la division, le nombre de louis que
nous cherchons.

Comment terminerez-vous donc cette opération?

Je continuerai cette opération, en multipliant
toujours la première fausse position par la seconde
différence, et mettant le produit à part, pour
le faire servir de dividende; en multipliant de
même la seconde position par la première
différence, mettant aussi le produit à part ;
ensuite, au lieu de soustraire comme à la règle
droite, on additionnera ces deux produits,
pour avoir le dividende, et pour trouver le
diviseur. On additionnera aussi les deux différences ; puis faisant la division, le quotient
donnera le nombre demandé, c'est-à-dire, la
quantité de louis que cette personne dit avoir
dans sa bourse.

Réduction de la valeur des Monnaies étrangères d'Or et d'argent en Monnaies de France.

ÉTATS-UNIS.

Valeur de France.

Or.	Dollard double aigle. . .	55 f. 21 c.
Argent.	Dollard de 100 cents. . .	5 42

AUTRICHE, ALLEMAGNE et FRANCFORT.

Or.	Ducat d'Empire. . . .	11 f. 86 c.
Argent.	Reichtaler.	5 19

ANGLETERRE.

Or.	Guinée de 21 shillings. .	26	47
	Souverain de 20 shillings 1818.	25	21
Argent,	Couronne ancienne de 5 shillings.	6	18
	Couronne nouvelle de 5 shill. de 1818.	5	81

ESPAGNE.

Or.	Quadruple.	83	93
Argent.	Piastre de 20 réaux. . .	5	66

BAVIÈRE.

Or.	Ducat species.	11	86
Argent.	Reichtaler species. . . .	5	66

GÊNES.

Or.	{ Quadruple ou génovine. .	79 f.	77 c.
	{ Sequin.	12	01
Argent.	Ecu de banque.	4	17

GENÈVE.

Or.	Pistole.	17	14
Argent.	Ecu patagon.	5	17

HOLLANDE.

Or.	{ Ducat d'or.	11	93
	{ Rider d'or.	31	65
Argent.	{ Risdale.	5	48
	{ Florins de 20 sous communs.	2	16

HAMBOURG.

Or.	Ducat.	11	86
Argent.	Ecu de banque.	5	78

HANOVRE.

Or.	{ Ducat de 1792.	11	86
	{ Florin de 1752.	8	78
Argent.	Rixdale de constitution. . .	5	78

MILAN.

Or.	Sequin.	12	04
Argent.	Pièce de Philippe III. . .	6	74

NAPLE et SICILE.

Or.	Once d'or de 1818. . . .	12	99
Argent.	Ducat de 10 carlins. . .	4	26

POLOGNE.

		valeur de France.
Or.	Ducat de 18 florins zlote.	11 f. 86 c.
Argeut.	Thaler de 1795.	3 69

PORTUGAL.

Or.	Portugaise.	45 27
Argent.	Crautzade neuve.	2 94

PRUSSE.

Or.	Ducat.	11 77
	Frédéric.	20 80
Argent.	Thalers.	3 72

ROME et POLOGNE.

Or.	Sequin de Clément XIV.	11 80
	Pistole de Pie VI et Pie VII.	17 27
Argent.	Ecu de 10 Paoli de Pie VI.	5 39

RUSSIE.

Or.	Ducat de 1755.	11 79
	Ducat de 1763.	11 59
	Impériale de 10 roubles de 1763.	41 29
Argent.	Rouble de 1763.	4 00

SAVOIE et PIÉMONT.

Or.	Pistole neuve de 1816.	20 00
Argent.	Ecu neuf de 5 livres.	5 00

SAXE.

Or.	Ducat d'or.	11 85
	Double Auguste.	41 49
Argent.	Ecu de convention.	5 19

SUÈDE, STOCKHOLM.

valeur de France.

Or.	Ducat.	11 70
Argent.	Rixdales spécies.	5 76

SUISSE, BASLE et ZURICH.

Or.	{ Ducat de Basle.	11 64
	{ Ducat de Zurich. . . .	11 77
Argent.	{ Ecu de Basle.	4 56
	{ Ecu de Zurich.	4 70

TURQUIE.

Or.	Sequin-Zermah-Boub. . .	7 30
Argent.	Piastre de 40 paras. . .	2 00

TOSCANE.

Or.	Ruspone ou 3 sequins. . .	36 o¼
Argent.	Livournine.	5 61

VENISE.

Or.	{ Sequin.	12 00
	{ Oselle.	47 07
Argent.	Ducat effectif.	4 18

VESTPHALIE, (Hesse Cassel).

Or.	Pistoile à l'étoile. . . .	20 82
Argent.	Reichsthaler.	5 19

WURTEMBERG.

Or.	{ Ducat.	11 86
	{ Carolin d'or ou triple florin.	25 88
Argent.	Reichsthaler.	5 19

Exemple d'application.

Comment procède-t-on pour réduire 140 ducats de Wurtemberg en francs de France?

Pour réduire 140 ducats de Wurtemberg en francs de France, il suffit seulement de les multiplier par la valeur d'un ducat, en monnaie de France, qui est 11 francs 86 centimes, et l'on obtient le résultat.

OPÉRATION.

$$
\begin{array}{r}
140 \text{ ducats.} \\
11,86 \\
\hline
840 \\
1120 \\
140 \\
140 \\
\hline
1660,40 \text{ c.}
\end{array}
$$

Mais, si par le contraire je veux réduire la monnaie de France en ducats de Wurtemberg, comment dois-je procéder?

Pour réduire la monnaie de France en ducats de Wurtemberg, il faut la diviser par la valeur d'un ducat en francs de France.

OPERATION.

$$
\begin{array}{l|l}
1660^f 40^c & 11 \text{ f. } 86 \text{ c.} \\
04744 & 140 \text{ ducats.} \\
000000 &
\end{array}
$$

L'on aura donc 140 ducats pour les 1660 f. 40 c. de France.

VALEUR DES NOUVELLES MESURES AVEC LES ANCIENNES.

Réduction des Aunes en mètres.

1 aune vaut	1 mètre	19 centimètres.	7 aun. v.	8 m.	32 cent.	
2	2	38	8	9	51	
3	3	56	9	10	70	
4	4	75	10	11	88	
5	5	94	50	59	42	
6	7	13	100	118	34	

Ses Fractions.

$\frac{1}{2}$ aune val.	59 c.	4 mil.	$\frac{1}{3}$ d'aune v.	39 c.	6 mil.
$\frac{1}{4}$	29	7	$\frac{1}{6}$	19	8
$\frac{1}{8}$	14	8	$\frac{1}{12}$	09	9
$\frac{1}{16}$	07	4	$\frac{1}{24}$	05	00
$\frac{1}{32}$	03	7			

Des Toises en mètres.

1 toise v.	1 mèt.	95 cent.	6 toises	11 mèt.	69 cent.
2	3	90	7	13	64
3	5	85	8	15	59
4	7	80	9	17	54
5	9	74	10	19	49

Des Pieds en décimètres.

1 pied vaut	3 déc.	25 c.	7 pieds v.	22 déc.	74 c.
2	6	50	8	25	99
3	9	75	9	29	24
4	12	99	10	32	49
5	16	24	11	35	74
6	19	49			

Des Pouces en centimètres.

1 pouce vaut 2 c. 7 mil.			7 pouces v.	18 c.	9 mil.
2	5	4	8	21	7
3	8	1	9	24	4
4	10	8	10	27	1
5	13	5	11	29	8
6	16	2			

Des livres poids de Marc en kilogrammes.

1 liv. v. 0 kil. 4 h. g. 89 g				6 liv.	2 kil.	9 h. g.	37 g
2	0	9	79	7	3	4	26
3	1	4	68	8	3	9	16
4	1	9	58	9	4	4	06
5	2	4	47	10	4	8	95

Des Onces en Décagrammes.

1 once v. 3 d. a. 06 d. i.			6 onces v.	18 d. a.	36 d. i.
2	6	12	7	21	42
3	9	18	8	24	48
4	12	24	9	37	53
5	15	30	10	30	59

TABLEAU COMPARATIF DES SOUS ET DENIERS EN CENTIMES.

1 denier vaut	0^{c}41	7 deniers valent	2^{c}95
2	0,83	8	3,33
3	1,25	9	3,75
4	1,66	10	4,16
5	2,08	11	4,58
6	2,50	12	5

1 sou vaut	5 cent.	11 sous valent	55 c.
2	10	12	60
3	15	13	65
4	20	14	70
5	25	15	75
6	30	16	80
7	35	17	85
8	40	18	90
9	45	19	95
10	50	20 ou 1 fr.	100

Réduction des pieds en pans.

1 pied v.	1 pan	3 pouces.	6 pieds v.	8 pans	0 pouc.
2	2	6	7	9	3
3	4	0	8	10	6
4	5	4	9	12	2
5	6	6	10	13	3

10

QUESTIONS AMUSANTES ET INSTRUCTIVES,

Données le plus souvent sur les règles euseignées dans le présent traité, pour exercer celui, qui amateur du calcul, aura la connaissance de ce que j'ai démontré.

AVERTISSEMENT.

Je dois prévenir que je ne donnerai pas toujours la réponse de chaque question, j'expliquerai seulement, comment il faut procéder pour la résoudre, afin d'exciter un peu au travail celui qui voudra en trouver lui-même le résultat.

1.re QUESTION.

Nicolas, Jean et Nicodême, tous trois faiseurs de bas, savent au bout de l'année combien ils ont fait chacun de paires bas ; puisque Nicolas dit aux autres : si j'en avais fait 20 paires de plus, j'en aurais autant à moi seul que vous en avez entre vous deux, parce que je sais que Jean en a fait 30 paires de plus que Nicodême, et que nous en avons 600 paires entre nous trois : on demande combien chaque faiseur de bas a fait de paire bas pour sa part. En suivant l'ordre enseigné pour les deux fausses positions, on aura pour réponse, que, Nicolas a fait dans le courant de l'année 290 paires bas.

Jean	170
et Nicodême	140
Total	600 paires bas.

2.e QUESTION.

Deux personnes doivent aller à 100 lieues de St.-Hippolyte, en suivant la même route ; l'une à cheval, et l'autre en voiture. Celle qui es en voiture partira 3 jours avant l'autre, et fera régulièrement 10 lieues par jour, et celle à cheval en fera 15 ; on demande combien elles auront fait de lieues chacune, quand elles se rencontreront, c'est-à-dire, dans combien de jours ?

En suivant l'ordre enseigné par les deux fausses positions, on aura pour réponse que ces deux personnes se rencontreront dans 9 jours. Effectivement, dans 9 jours, la personne qui est en voiture aura fait 90 lieues, et celle qui est à cheval, qui partira 3 jours après, aura fait de même 90 lieues.

3.e QUESTION.

Un revendeur refléchissant sur la vente de toutes ses oranges, reconnaît, après avoir bien compté, que s'il peut les vendre 3 sous pièce, il gagnera 3 f. ; mais que s'il ne les vend que 2 sous il perdra 4 francs ; on demande combien ce revendeur doit avoir d'oranges ?

Ajoutez le gain et la perte, c'est-à-dire, 3 f. et 4 f., vous aurez 7 f., qui, réduits en sous, parce qu'il est fait mention de sous dans la vente ; font 140, et autant ce revendeur a d'oranges.

4.e QUESTION.

Si 4400 ouvriers à qui on donne 30 sous par jour à chacun, dans une manufacture de drap, travaillant 11 heures par jour, ont fait en 8 mois 8 jours, la quantité de 1800 pièces de drap, chacune composée de 36 aunes, ayant 1 aune $\frac{1}{4}$ de largeur, combien 5000 ouvriers à qui on donne 40 sous par jour, et qui travaillent 14 heures par jour, feront-ils dans 11 mois, de pièces de drap de 44 aunes, ayant 1 aune $\frac{1}{3}$ de largeur ?

En suivant l'ordre et la méthode enseignée pour faire les règles de trois doubles, on trouvera pour réponse 6666 pièces 23 aunes et $\frac{3}{4}$ d'aune environ.

5.e QUESTION.

Un marchand de grains, après avoir bien compté toutes les salmées de froment qui lui restent encore, voit qu'il gagnera 300 f. s'il peut

le vendre 50 f. la salmée, mais qu'il perdra
400, s'il ne le vend que 40 f. ; savoir combien
ce marchand a des salmées de blé ?

Si vous ajoutez le gain à la perte, vous aurez
700 f., et si vous divisez ce nombre par la différence des deux prix de la vente, laquelle
différence est 10, vous aurez au quotient 70 f.
qui seront la quantité de salmées de blé que
ce marchand doit avoir.

6.e QUESTION.

Quels sont les deux nombres qui, formant
ensemble 75, et en divisant le plus grand par
le petit, le quotient soit de 14 ?

Ajoutez 1 au quotient 14 : divisez 75 par 15,
et vous aurez 5 pour le petit nombre ; le reste
est facile à trouver.

7.e QUESTION.

Un homme riche ayant laissé par testament
12000 francs à 4 de ses domestiques, pour que
cette somme leur soit partagée à proportion de
leur âge, et du temps qu'ils ont demeuré à son
service ; on demande ce que chacun d'eux doit
avoir pour sa part, en sachant que,

Le premier a 72 ans et 23 ans de service;

Le second a 69 ans 7 mois et 22 ansde service ;

Le troisième 47 ans et 20 ans de service ;

Le quatrième 39 ans et 18 ans 9 mois de service;

Suivez la méthode enseignée pour faire les règles de compagnie par temps , en multipliant l'âge de chacun par ses années de service , et vous trouverez ce que chaque domestique doit avoir.

8.e QUESTION.

Je suppose qu'un marchand drapier ne voulant, ou ne pouvant faire honneur à ses affaires, laisse à ses créanciers des effets que ceux-ci saisissent , et dont la valeur produit la somme de 54948 francs , qu'il s'agit de partager proportionnellement à la créance de chacun dont voici les noms :

	Bertrand.	19640 francs.
	Nicodême.	19545
Il est dû à.	Nicaise.	18549
	Matthieu.	10240
	Joseph.	9422
	Lafleur.	4549
Total des créances. . .		81,945

En suivant la méthode que j'ai démontrée pour abréger dans une règle de compagnie , je diviserai donc la somme à partager entre lee créanciers pour celle qui fait le total des créances.

OPÉRATION.

$$54948 \mid 81945$$
$$100^c \mid \overline{\quad 67\ c.}$$

549480,0
578100
04485 un peu plus.

On voit par le quotient de la division ci-dessus qu'il revient 67 centimes un peu plus par livre à chaque créancier, au lieu de 100 c. par livre.

9.e QUESTION.

Quel est le nombre qui, étant multiplié par 49 $\frac{1}{2}$ donnera le même produit que 141 multipliés par 23 ?

Par la règle de trois inverse, on trouvera le nombre demandé.

10.e QUESTION.

Savoir combien il faudrait donner de mouchoirs de 447 f. 25 c. la douzaine, pour payer 19454 f. 25 c. ?

Le prix du mouchoir n'étant pas connu, il faut le trouver en divisant par douze la valeur de la douzaine, puis diviser l'autre somme énoncée dans la question par le prix du mouchoir.

Opération.

44,7f55c { 12
87 { 37 f. 29 c.
035
115
007 le reste se négl.

19454f25c { 37f29c prix du mouc
08092 { 521 f. 70 c.
6345
2616
100 c.
─────────
26160,0
000570 reste.

11.e QUESTION.

Pour payer 54 aunes $\frac{1}{4}$ de drap à 61 f. 75 c. l'aune, combien faut-il donner de cannes de dentelle de 32 f. 50 c. la canne?

Il faut multiplier les aunes par le prix de l'aune, et diviser le produit par le prix de la canne, et le quotient donnera le résultat de la demande.

12.e QUESTION.

Combien faut-il donner, en égale quantité, d'écus de 6 f., d'écus de 5 f., d'écus de 3 f., de pièces de 30 s., de 15 s., de 10 s. pour payer 4548 f.?

Pour résoudre de semblales questions, il faut commencer par additionner les valeurs de toutes les pièces, puis diviser la somme à payer, par le total de l'addition.

OPÉRATION.

5 f. 16 s.   4548 f.

5	00
2	15
1	10
0	15
0	10

à réduire en s. 20 s.

$$90960 \overline{)326}$$
$$2576 \quad 279 + \frac{6}{326} \text{ de chaque } \text{etp.}$$
$$2940$$
$$0006$$

16 f. 6 c.

à réduire 20 s.

326 sous.

13.e QUESTION.

Un homme en mourant, laisse à sa femme enceinte, 20,000 f. , sous les conditions suivantes : savoir, si, elle accouche d'une fille, celle-ci n'aura que le $\frac{1}{3}$ de la somme , et la mère les $\frac{2}{3}$; mais si elle accouche d'un garçon , celui-ci aura les $\frac{2}{3}$ de la somme et la mère l'autre $\frac{1}{3}$: elle accouche d'un garçon et d'une fille, on demande ce qui doit revenir à la mère, au fils et à la fille, suivant le testament ?

Puisque la mère doit avoir le double de sa fille, et que le fils doit avoir le double de la mère, il faut poser la règle comme il suit, pour avoir le rapport des mises.

Quand la fille a   1

La mère   2

Le fils   4

Ce qui fait   7 pour la totalité des mises ;

ainsi par la règle de trois, il faut dire :

$$7 : 20,000 :: 1 : x$$

$$20,000 \left\{ \frac{7}{2857 \text{ f. } 14 \text{ c.}} \right.$$

$$60$$

$$40$$

$$50$$

$$1$$

$$100 \text{ c.}$$

$$\overline{100 \text{ c.}}$$

$$30$$

2 le reste se néglige.

La fille aura donc	2857 f. 14 c.	$\frac{2}{7}$
La mère	5714 28	$\frac{4}{7}$
Et le fils	11428 57	$\frac{1}{7}$
Somme égale	20,000 00	0

14.ᵉ QUESTION.

Un fabricant de bas ayant une expédition à faire sous peu de temps, trouve une compagnie de faiseurs de bas qui promet de faire la quantité de bas que le fabricant demande, dans 50 jours ; une autre compagnie s'offre à la faire dans 40 jours, enfin une troisième se présente, et promet de faire la même quantité dans 20 jours; on demande dans combien de jours la quantité de bas serait faite, si le fabricant, employait les trois compagnies qu'il trouve ?

Pour résoudre cette question, il faut employer la règle de trois, mais dire auparavant :

La première compagnie qui promet de faire la quantité de bas.

Dans 50 jours, en fera $\frac{1}{50}$ dans un jour.

La seconde compagnie $\frac{1}{40}$

La troisième $\frac{1}{20}$

Lesquelles parties additionnées font $\frac{76}{800}$ de bas, qui se feraient dans un jour.

Sachant présentement que les septante-six huit centièmes de la quantité de bas se font dans un jour, il faut dire, par règle de trois $\frac{76}{800}$: 1 jour : : $\frac{800}{800}$: x.

Et en faisant l'opération, on trouvera le nombre de jours que les trois compagnies auront employé.

15.ᵉ QUESTION.

Une pièce de soie pesant 16 livres 8 onces, et contenant 46 aunes $\frac{1}{4}$ a été payée à raison de 40 f. 50 c. la livre, on demande à combien revient l'aune ?

Pour commencer l'opération, il faut savoir combien les 16 livres 8 onces valent au prix de 40 f. 50 c. la livre. Ensuite diviser cette valeur par le contenu de ladite pièce, c'est-à-dire par 46 aunes $\frac{1}{4}$ en évaluant ce $\frac{1}{4}$ sur la livre de 100 centimes. Enfin faire la division et le quotient sera le résultat réquis.

Opération.

16 livres 8 onces.

40 f. 50 c.

_____

800

640

2025

_____

668f25c } 46 ÷ 1/4

4 { 4

_____

267,30,0 { 185

823 { 14 f. 44 c. prix de l'aune.

830,

0900 c.

_____

160

_____

16.e QUESTION.

Combien aurait-on de louis de 24 f. pour un lingot d'or pesant 47 marcs à 2000 f. le marc ?

Il faut multiplier les 47 marcs par 2000 f. et diviser le produit par 24 f. le quotient donnera la réponse.

17.e QUESTION.

Une personne ayant acheté une certaine marchandise qui lui revient à 4848 f. est obligée de la céder pour 3854 f. 50 c., savoir combien cette personne perd pour % ?

On doit ôter la plus petite somme de la plus grànde pour avoir la perte entière. Eusuite opérer par la règle de trois.

18.e QUESTION.

On demande quel est le nombre qui multiplié par 454 et le produit divisé par 10 , le quotient soit égal à 794 $\frac{1}{2}$

On résout cette question par la règle de fausse position simple.

19.e QUESTION.

54 ouvriers , travaillant en société, ont fait 2444 mètres d'ouvrage , à raison de 2 f. 50 c. le mètre.

On leur a fourni , pour leur nourriture et en déduction du prix de leur travail , savoir : 334 kilogrammes de pain à raison de 0,25 c ; 128 kilogrammes de lentilles à raison de 0, 55 c. Combien faut-il payer à chaque ouvrier pour le solder ?

Il faut multiplier 334 par 0,25 , pour avoir 83 f. 50 c. , prix du pain fourni. Il faut multiplier également 128 par 0,55 c. pour avoir 70 f. 40 c. , valeur des lentilles fournies. On additionnera ces deux résultats , et l'on trouvera que les vivres à déduire valent 153 f. 90 c.

On multiplie 2444 mètres par 2 f. 50 c. et l'on

a pour le montant du travail fait 6110 f. De cette somme on retranche 153 f. 90 c., trouvés ci-dessus, et il reste à payer à la société 5956 f. 10 c., qui, divisés par 54, nombre des ouvriers, doivent donner 110 f. 26 f. pour ce qui reste à chacun.

20.e QUESTION.

Six ouvriers d'égale force ont exécuté ensemble un certain ouvrage.

Le premier y a travaillé	6 jours	$\frac{1}{2}$
Le second. . . :	5	$\frac{3}{4}$
Le troisième.	4	$\frac{1}{3}$
Le quatrième.	3	$\frac{1}{8}$
Le cinquième.	2	$\frac{1}{2}$
Et le sixième.	1	

On demande combien de jours un seul de ces ouvriers aurait employé pour faire l'ouvrage ? Puisque les ouvriers sont d'égale force, un seul d'entr'eux aurait évidemment employé autant de jours qu'il y en a dans la somme des temps pendant lesquels ils ont travaillé chacun. Il faut par conséquent, pour avoir le nombre demandé, ajouter ensemble les jours et les parties de jour, et le total sera le nombre de jours qu'un seul ouvrier aurait employé pour faire l'ouvrage.

21.e QUESTION.

Quel nombre faudrait-il retrancher de $8 + \frac{1}{4}$ pour que le reste fut $\frac{5}{6}$?

Puisque le nombre cherché, retranché de $8 + \frac{1}{4}$ doit donner pour reste $\frac{5}{6}$, il est plus petit que $8 + \frac{1}{4}$, d'une quantité exprimée par $\frac{5}{6}$, il faut donc pour le trouver, retrancher $\frac{5}{6}$ de $6 + \frac{1}{4}$.

Pour cela, je réduis les fractions à la même dénomination, et il me vient :

de	$6 + \frac{3}{12}$
retrancher	$\frac{10}{12}$
Différence ou nombre cherché.	$5 + \frac{5}{12}$

22.e QUESTION.

Un négociant, avec 44540 f. 40 c. a gagné dans 6 ans, 6 mois, 12454 f. 55 c.; un autre négociant, pendant le même temps, a gagné 6749 f. 40 c. avec 34548 f. 25 c.

On demande lequel des deux a tiré le meilleur parti de l'argent qu'il avait mis dans le commerce.

Il faut, pour faire cette règle, faire abstraction des 6 ans 6 mois, qui n'influent en rien sur la solution. La question se réduit alors à chercher combien le premier négociant, proportionnellement au bénéfice qu'il a fait, aurait gagné, s'il n'avait eu que l'argent du second, et à voir si le résultat est plus grand ou plus petit que 6749 f. 40 c., qu'a gagné le second. Enfin, faire la règle de trois et soustraire le nombre que l'on trouve au quotient de 12454 f. 55 c., qu'a gagné le premier. Le reste est le profit que le premier a fait de plus que le second.

23.e QUESTION.

Un cheval de bronze, placé sur le bassin d'une fontaine, peut jetter l'eau par les yeux, les narines et les oreilles. S'il jette l'eau par les yeux, il remplira le bassin dans 6 heures; s'il la jette par les narines, il le remplira dans 8 heures. Enfin, s'il la jette par les oreilles, il le remplira dans 10. En combien de temps le bassin sera-t-il rempli, lorsque l'eau sortira à la fois par toutes les ouvertures?

On voit que les yeux remplissent en 1 heure le $\frac{1}{6}$ du bassin, les narines le $\frac{1}{8}$ du bassin, et les oreilles le $\frac{1}{10}$; donc, lorsque l'eau sortira par toutes les ouvertures, elles jetteront en 1 heure $\frac{1}{6} + \frac{1}{8} + \frac{1}{10}$, ou en réduisant en un même dénominateur, $\frac{80}{480} + \frac{60}{480} + \frac{48}{480}$. Total $\frac{188}{480}$ de bassin.

Ensuite on dira par règle de trois :

$$\frac{188}{480} : 1 :: \frac{480}{480} : x$$

480	188
38400	3840
192	3840
	480
230400	⎰ 90240
49920	⎱ 2 heures 33 minutes.
60	

2995200

288000

17280 le reste se néglige.

Toutes les ouvertures rempliront donc le bassin dans 2 heures 33 minutes et un peu plus.

24.ᵉ QUESTION.

On demande 2 nombres desquels les $\frac{3}{5}$ de l'un ne fassent pas plus ni moins que les $\frac{3}{4}$ de l'autre.

Pour résoudre cette question et d'autres semblables, multipliez réciproquement les numérateurs des deux fractions par les dénominateurs, et les deux nombres qui en proviendront seront ceux demandés.

OPÉRATION.

$$\overset{\frac{3}{4}}{3 \times 5} = 15 \qquad \overset{\frac{3}{5}}{3 \times 4} = 12$$

Ainsi donc 15 et 12 sont les deux nombres

demandés, puisqu'en prenant les $\frac{3}{5}$ de 15, il vient 9, et en prenant les $\frac{3}{4}$ de 12, il vient 9 aussi.

25.e QUESTION.

Dans une forteresse assiégée il y a 24000 soldats pour la garder, lesquels ont des vivres pour six mois, et ayant chacun 20 onces de pain par jour ; mais le commandant de cette place sachant qu'il doit soutenir le siége pendant 9 mois sans recevoir d'autres secours en nourriture, veut savoir à combien d'onces il doit réduire la ration de chaque homme, pour que les vivres qu'il a puissent durer jusqu'à la fin du siège.

OPÉRATION.

6 mois : 20 onces : : 9 : x

6

120 { 9

30 { 13 onces $+\frac{1}{3}$

3

Il vient pour réponse 13 onces $\frac{1}{3}$ qui serait le poids de la ration qu'il faudrait donner à chaque homme pour que les vivres pussent durer 9 mois.

26.e QUESTION.

On demande combien il faudrait donner pour

avoir 148 f. 19 s. 6 d. , à raison de 7 sous 4 den.
pour livre?

Pour résoudre de semblables questions, ré-
duisez la plus petite somme en deniers, que
vous multiplierez, comme des entiers par la
plus forte somme, et vous diviserez le produit
par la valeur d'un franc réduit en deniers,
c'est-à-dire, par 240, et le quotient de la division sera la réponse.

27. QUESTION.

De combien était la lettre de change qui,
perdant 3 $\frac{1}{2}$ pour %, n'a produit que 1540 f. 55 c.?

Il faut ôter 3 $\frac{1}{2}$ de 100, le rsste se met pour
premier terme de la règle de trois.

100 pour second et la somme exprimée dans
la question pour troisième terme.

28.e QUESTION.

Un propriétaire est redevable de la somme
de 4549 f. 50 f. à 4 médecins, 3 pharmaciens,
3 boulangers, 9 travailleurs de terre. Il remet
cet argent à une personne pour qu'il les solde,
en lui observant que lorsqu'un médecin aura
12 f. 50 c. un pharmacien n'aura que 5 f. 75 c.,
un boulanger 3 f. , et un travailleur de terre

1 f. 25 c. ; savoir combien il faut qu'il soit donné à chaque médecin, pharmacien, boulanger et travailleur de terre ?

Pour résoudre cette question, il faut multiplier le nombre de médecins par la somme qu'ils prennent, et l'on aura 50 f. ; il faut en faire de même pour les pharmaciens, boulangers et travailleurs de terre, et l'on aura 4 sommes à additionner, dont le total servira de premier terme aux 4 règles de trois, attendu qu'il faut suivre l'ordre que j'ai démontré pour faire la règle de société.

29ᵉ QUESTION.

Trois marchands firent société pour un an ; le premier desquels mit à la masse 1540 f. dès le commencement ; on ignore la mise du second, qui entra 2 mois après dans la société, et aussi celle du troisième, qui entra 4 mois après le second. La société finie, ils partagèrent également le gain ; savoir combien le second et le troisième avaient déposé à la masse ?

Multipliez 1540 f., mise du premier, par le temps qu'ils demeurèrent à la masse, le produit sera 18480 ; il faut donc que le second et le troisième en aient apporté autant, après avoir multiplié leur mise par le temps qu'elle demeurat à la masse ; ainsi divisez 18480 par 10, le quotient sera la mise du second ; divisez aussi

18480 par 6 mois , et le quotient sera la mise
du troisième.

30.e QUESTION.

Quatre personnes en société gagnèrent 240 f. ;
la première pour sa mise avait mis 40 f. pour
10 mois , la seconde 45 f. , la troisième 55 f. ,
et la quatrième 65 f. On sait que la première
retira 60 f. pour sa part du gain , la seconde
40 f. , la troisième 70 f. , et la quatrième 30 f.

Il faut , comme j'ai déjà dit , multiplier la
mise de chaque associé par son temps. Multipliez donc celle du premier , qui est de 40 f. ,
par 10 mois , et vous aurez 400 f. , d'où provient son gain. Or , pour savoir de quel produit vient le gain des trois autres , dites par
règle de trois.

Si 60 f. , gain du premier, viennent de 400 f. ,
d'où viennent 45 f. du second , et ainsi des autres ?
Le résultat de chaque opération , comprendra le
temps et la mise ; il faudra par conséquent diviser le quatrième terme de chaque règle , par
la mise de chacun, pour avoir , en réponse, le
temps que la mise des autres aura demeuré à la
masse.

31.e QUESTION.

Trois personnes firent société , dans laquelle
la première déboursa 45 f. , pour un an , la se-

conde 48 f. , pour un temps inconnu, la troisième mit une somme pour 11 mois ; le gain fut de
248 f. , duquel la première en reçut 100 f. ,
la seconde 90 f. , et la troisième 58 f. ; savoir
combien de temps, l'argent de la seconde a demeuré à la masse, et connaître la mise de la
troisiéme.

Puisque l'argent de chaque personne doit être
multiplié par son temps, multipliez 45 par 12,
vous aurez 540, qui donnent 100 f. , de gain
à la première. Pour savoir actuellement d'où
provient le gain de la seconde, dites : si 100
f. , viennent de 540 f. , d'où viendront 90 f. ?
Et vous trouverez 486 qui est le produit de 48 f.,
multipliés par le temps ; ainsi , en divisant ledit résultat par 48 , le quotient donnera le temps
que l'argent de la seconde somme demeura. Pour
trouver actuellement la mise de la troisième qui
a donné 58 f. de gain, dites : si 90 viennent de
486 , d'où viendront 58 ? Et vous trouverez le
produit que vous cherchez ; ainsi , en divisant
ce produit par 11 mois , vous trouverez la mise
de la troisième.

32.e QUESTION

On demande à combien pour % a été fait
l'escompte pour celui qui était. redevable de
14754 f. 55 c. , et qui n'a donné que 13484 f. 55 c. ?
Il faut ôter la petite somme de la plus grande

et l'on aura pour différence 1270 f. 30 c. que gagne le débiteur pour l'escompte ; ensuite il faut dire :

13484 f. 25 c. : 1270 f. 30 c. : : 100 : x.

Il viendra pour réponse. . . . 9 f. 40 c.

33.e QUESTION.

L'escompte étant à 7 f. 25 c. pour % par an, savoir à combien se réduira la somme de 7494 f. 25 c. qu'une personne doit payer dans 11 mois, s'il paye de suite, pour profiter de cet escompte ?

Pour répondre à cette question , il faut faire les opérations suivantes ꞉

12 mois : 7^{f}25^c d'escompte : : 11 mois : x.

```
100              11
─────           ────
1200            725
                725
                ────
                7975  ⎧ 1200
                775   ⎨ ──────
                100   ⎩  6 f. 64 c. pour réponse.
                ────
                77500
                05500
                ─────
               0700 reste.
```

On voit que pour 11 mois l'escompte est à 6 f. 64 c. et un peu plus que l'on néglige ; ainsi , en faisant la règle suivante comme elle a été démontrée dans la règle d'escompte , on dira ꞉

100 : 93 f. 46 c. :: 7494 f. 25 c. : x.

La réponse sera de   7004 f. 12 c.

Donc l'escompte sera de   490 f. 13 c.

34.e QUESTION.

Savoir pour combien de temps 7480 donnent 494 f. 95 c. d'escompte à 6 f. pour % l'année.

Pour répondre à cette question, il faut faire les opérations suivantes :

de   7480 f.

ôter   494 f. 25 c.

reste 6985 f. 75 c. qui ont été payés comptant ; ainsi, en disant :

100 f. : 6 f. :: 6985 f. 75 c. : x.

La réponse sera de 419 f. 14 c.

Et en disant enfin :

419 f. 14 c. : 12 mois :: 494 f. 95 c. : x.

La réponse sera de 14 mois et un peu plus.

35.e QUESTION.

Savoir à combien pour % l'année, l'escompte a été fixé, pour que 4948 f. aient donné 244 f. 25 c. d'escompte pour 11 mois.

Pour répondre à cette question, il faut faire les trois opérations suivantes :

1.re OPÉRATION.

de   4948 f.

ôtez   244 f. 25 c.

reste   4703 f. 75 c. qui ont été payés comptant.

2.e OPÉRATION.

$$4703 \text{ f. } 75 \text{ c. } : 244\text{r}25\text{c} :: 100 : x.$$

$$100$$

$$\begin{array}{c|c} 24425,00 & 4703 \text{ f. } 75 \text{ c.} \\ 090625 & 5 \text{ f. } 19 \text{ c.} \end{array}$$

$$100$$

$$\begin{array}{c} 9062500 \\ 4358750 \\ \overline{125375 \text{ reste.}} \end{array}$$

3.e OPÉRATION.

$$4 \text{ moisu } 5 \text{ f } 19 \text{ c} : 12 : x.$$

$$\begin{array}{cc} 1100 & 1038 \\ & 519 \end{array}$$

$$\begin{array}{c|c} 6228 & 1100 \\ 0728 & 5 \text{ f. } 66 \text{ c.} \end{array}$$

$$100$$

$$\begin{array}{c} 72800 \\ 06800 \\ \overline{0200 \text{ resté.}} \end{array}$$

36.e QUESTION.

Une personne s'est chargée d'un billet de 4740 f.
en payant 3480 f. 50 c., à cause de l'intérêt que
porte ce billet à raison de 6 p. % par an, on

veut savoir pour combien de temps cette personne a payé l'intérêt?

Pour le connaître, il faut 1.º ôter la plus petite somme de la plus grande, et l'on aura 1259 f. 50 c. que la personne a donné pour l'intérêt échu ; 2.º par règle de trois, on cherche à combien se monte l'intérêt de 4740 f. à 6 p. % pour un an, et l'on trouve 284 f. 40 c. ; 3.º il faut dire : 284 f. 40 c. : 1 an :: 1259 f. 50 c. : x. Il viendra pour réponse 4 ans 5 mois 4 jours.

37.ᵉ QUESTION.

21 Ouvriers d'inégale force, travaillant ensemble ont reçu 4548 f. pour le montant d'un ouvrage qu'ils ont achevé dans 23 jours. Chacun des 11 premiers gagnerait le triple de l'un des 10 premiers. On demande à combien revient la journée de chacun?

Puisque chacun des 11 premiers gagnait le triple de l'un des 10 derniers, ces 11 premiers ont gagné autant qu'auraient gagné 33 des derniers. Par conséquent, si l'on ajoute 33 à 10, la question deviendra : 41 ouvriers de même force ont reçu 4548 f.

Donc, si l'on divise 4548 par 41, on aura ce que l'un des derniers ouvriers a gagné.

Faisant cette division, on trouve pour quotient 110 $+ \frac{38}{41}$. Cette somme de 110 $+ \frac{38}{41}$ a été gagnée en 28 jours. Conséquemment, en la divisant par 28 jours, on obtiendra le prix de la journée des derniers ouvriers. L'opération faite, l'on aura pour quotient 3 f. 96 c. pour le prix réduit de la journée des derniers ouvriers. Les premiers ayant gagné le triple, leur journée montera 11 f. 88 c.

38.e QUESTION.

On a reçu la somme de 6484 f. 50 c. d'intérêt, d'un capital de 12488 f., placé à 6 p. % pendant 7 ans 6 mois. On veut savoir à combien p. % il faudrait placer 9484 f. pour recevoir la même somme pendant le même temps ?

Il faut chercher à combien p. % il faudrait placer 9484 f., pour qu'ils produisent autant que 12488 f. placés à 6 p. %. On dit donc par règle de trois :

$$12488 : 6 :: 9484 : x.$$

$$6$$

$$\begin{array}{c|c} 56904 & 12488 \\ 06952 & \overline{4 \text{ f. } 55 \text{ c.}} \\ \hline 100 & \\ \hline 695200 & \\ 70800 & \\ 8360 \text{ reste.} \end{array}$$

Il faudrait donc, pour satisfaire à la question, placer à 4 f. 55 c. p. %.

39.e QUESTION.

Un négociant dit avoir fait 4 voyages dans le cours d'un mois, en ne déclarant pas la somme qu'il avait en bourse avant son premier voyage ; mais il observe avoir dépensé dans le premier voyage le $\frac{1}{3}$ de ce qu'il avait ; que le second voyage lui a fait dépenser le $\frac{1}{5}$ de ce qui lui restait ; que le troisième voyage lui a fait dépenser le $\frac{1}{3}$ de ce qui lui restait de son second voyage ; que le quatrième voyage lui a fait dépenser le $\frac{1}{6}$ de ce qui lui restait de son troisième voyage, et qu'il est rentré chez lui avec 340 f. ; on demande combien ce négociant avait dans sa bourse lors de son premier voyage ?

Il faut opérer par règle de fausse position double et l'on trouvera facilement le résultat.

40.e QUESTION.

Un négociant de Marseille reçoit une lettre de change de St.-Pétersbourg, de 2484 roubles. On demande de quelle somme il doit créditer son correspondant sur ses livres, qu'il tient en argent de France, sachant que le rouble vaut 4 f. 07 c. ?

Il doit porter 4 f. 07 c. autant de fois qu'il y a de roubles dans 2484. Il n'y a donc qu'à faire une simple multiplication.

41.e QUESTION.

Un capitaine de vaisseau n'a plus, au 5 mars que pour 22 jours de biscuits.

Des circonstances l'obligeant à tenir la mer jusqu'au 12 avril, il demande à combien il doit réduire la ration de chaque homme de son équipage, laquelle ration a été jusque-là d'un kilogramme par chaque homme.

Du 5 mars au 12 avril il y a 38 jours.

Il devra donner à chacun d'autant moins de biscuits que ce nombre 38 est plus grand que 22. On trouvera donc le résultat, au moyen de cette proportion :

$$22 \; : \; 1 \; :: \; 38 \; : \; x.$$

$$\begin{array}{c|l} 1 & \\ \hline 2200 & 38 \\ 300 & \overline{57 \text{ décagrammes.}} \\ 34 & \end{array}$$

Ce quatrième terme sera donc de 57 décagrammes un peu plus.

42.e QUESTION.

On demande quel est l'intérêt de 6440 f. à raison de 6 pour % par an, pendant 44 jours,

Pour trouver l'intérêt d'un nombre quelconque. de jours, d'une somme quelconque, à un taux annuel quelconque, il faut multiplier la somme proposée par le nombre de jours, et diviser le produit par le quotient qui résulte de la division du nombre 36000 par le taux annuel.

OPÉRATION.

6440 f.
44 jours.

36000 | 6
00000 | ‾‾‾‾
     | 6000

‾‾‾‾‾‾‾
25760
25760

‾‾‾‾‾‾‾
283360   { 6000
43360   ‾‾‾‾‾‾‾‾‾‾
1360   47 f. 22. c. intérêt requis.
100

‾‾‾‾‾‾‾
136000
1 6000
4000

43.e QUESTION.

Un confiseur a de trois sortes de Chocolat, l'une à 6 f. la livre, l'autre à 4 f., et la 3.me à 2 f. Une personne désirant en faire une provision, voudrait que le nombre total des livres de chaque espèce fut tel qué chaque livre lui revint à 3 f. ; combien doit-il en acheter de livres de chaque espèce ?

Cette question diffère de celle que j'ai démontrée dans la règle de mélange, en ce qu'il y a dans celle-ci deux substances d'un prix supérieur au prix moyen 3 f., et une seule d'un prix inférieur à 3 f. Il faut retrancher successivement de celle-ci chacune des deux autres et écrire vis-à-vis d'elle les deux différences. Il suffit en conséquence de faire attention à l'opération suivante ;

$$
\left.
\begin{array}{ll}
6 \text{ f.} & \\
4 \qquad 3 & \left\{
\begin{array}{l}
1 \\
1 \\
1 + 3 = 4.
\end{array}
\right. \\
2 &
\end{array}
\right.
$$

On voit qu'il faut 4 livres de chocolat à 4 f. et 1 livre de chacun des autres prix, pour que la livre de mélange vaille 3 f.

En effet, 4 livres a 2 f. valent 8 f.
1 livre à 4 f. . . 4 f.
1 livre à 6 f. . . 6 f.

En tout 6 livres qui valent. 18 f.

De sorte qu'en divisant 18 par 6 nous trouverons 3 f.

44.e QUESTION.

Un capital placé à un certain tant pour % s'est accru en 8 mois jusqu'à 5824 f., et en 29 mois à 6412 f.; on demande quel était le premier capital, et à combien pour % il avait été placé?

Le capital primitif était 5600 f., et il avait été placé à 6 pour %.

45.e QUESTION.

On demande une somme, de laquelle en retranchant les 2 sous pour livre, le reste fasse justement 3494 f. 17 sous ?

On fait cette opération par la règle de trois droite, ainsi posée :

18 sous : 20 sous : : 3494 francs 17 sous : x.

46.e ET DERNIÈRE QUESTION.

Partager 800 f. en trois parties, telle que la première soit à la seconde comme 7 : 8, et que la seconde soit à la troisième comme 9 : 10.

Il s'agit pour faire cette opération de réduire deux rapports à un même antécédent, ce qui revient à réduire deux fractions, à un même denominateur.

Multiplions donc les deux termes du premier rapport par 9, et les deux termes du second rapport par 8 ; et la question sera ramenée à celle-ci :

Partager 800 f. en trois parties, telles que la première soit à la seconde comme 63 : 72, et que la seconde soit à la troisième comme 72 : 80. On voit par là que la mise du second associé est exprimée par le même nombre 72 dans l'un et l'autre rapport.

On résoudra donc la question de cette manière :

$$215 \quad : \quad 800 \quad : : \quad 63$$
$$215 \quad : \quad 800 \quad : : \quad 72$$
$$215 \quad : \quad 800 \quad : : \quad 80$$

On obtiendra le résultat en faisant trois règles de trois.

MODÈLES

DE PÉTITIONS , PROMESSES , QUITTANCES , BAUX , MÉMOIRES , FACTURES , LETTRES DE VOITURE , BILLETS A ORDRE , LETTRES DE CHANGE , LETTRES DE COMMERCE.

Des Pétitions.

Qu'entendez-vous sous le nom de pétitions ?

J'entends sous le nom de pétitions les écrits désignés sous le nom de requêtes , mémoires , placets et autres, dont le but est de demander quelque grâce , faveur ou avantage quelconque.

Combien y a-t-il de sortes de pétitions ?

Il y en a de deux sortes ; savoir : l'individuelle et la collective.

Qu'entendez-vous par pétition individuelle ?

J'entends par pétition individuelle, celle qui est signée , ou par une seule personne, ou bien lorsque présentée au nom de plusieurs elle est signée par tous, ou par un seul pour tous, en vertu du pouvoir donné individuellement, lequel pouvoir est signé par chacun de ceux au nom desquels il parle.

Qu'entendez-vous par pétition collective ?

J'entends par pétition collective, celle par laquelle, une ou plusieurs personnes, sans l'as-

12

sentiment d'autres, parlent cependant et signent en leur nom.

Ces dernières pétitions sont-elles reçues favorablement ?

Non, elles sont presque toujours rejetées par les autorités auxquelles on les présente.

Doit-on donner de marge au papier, dans les pétitions ?

On doit donner à son papier une marge d'environ le quart de la largeur de la page.

Où doit-on commencer la pétition ?

On ne doit commencer une pétition qu'à deux ou trois doigts de la hauteur du papier.

Comment doivent être écrits les titres et qualités d'une personne ?

Les titres et qualités d'une personne doivent être écrits tout au long et jamais en abrégé.

Si l'on rappelle dans le cours de la pétition les mots Monseigneur, Monsieur, Madame, etc., le caractère doit-il être de la même dimension que celui de l'écriture ?

Il faut dans ce cas les écrire d'un caractère plus gros.

Si la pétition ne peut être contenue dans une seule page, où doit-on la continuer ?

On doit la continuer à la page suivante, à la hauteur des premières lignes du recto.

Que doit-on observer au commencement, et à la fin d'une pétition ?

On doit faire attention d'employer les titres et les qualités de la personne à laquelle on écrit ; et de laisser entre le mot Monseigneur, ou Monsieur et le corps de la pétition, une distance proportionnée à la dimension du papier.

Où se place la date ?

La date se place à la fin, du côté gauche, presqu'en ligne avec la signature.

Que doit-on placer au-dessous de sa signature ?

On doit placer au-dessous de sa signature, son adresse, c'est-à-dire, indiquer le lieu et le nom de son département.

Comment doit-on plier une pétition ?

Si la pétition doit être présentée par la personne elle-même, elle ne doit pas être mise sous enveloppe, mais seulement pliée par le milieu dans toute sa longueur, et présentée telle. Si au contraire la pétition est pour être envoyée, elle doit être pliée en quatre et mise sous enveloppe.

Comment doit-on cacheter l'enveloppe ?

L'enveloppe doit être cachetée en cire rouge, à moins que la personne à qui on adresse la pétition ne soit en deuil : alors il faudrait la cacheter en cire noire. Le pain à cacheter ne s'emploie que d'égal à égal.

Que doit contenir l'adresse ?

L'adresse doit contenir les qualités et titres qui sont relatés en tête de la pétition.

PÉTITION

Adressée à Son Excellence le Ministre de l'Intérieur, tendante à obtenir une place dans un établissement public.

A Son Excellence, Monseigneur le Ministre de l'Intérieur.

Monseigneur,

Nicaut, père d'une nombreuse famille, qui est en ce moment sans place, et ne jouit d'aucun moyen d'existence, ose s'adresser à votre Excellence, et la supplier de lui accorder la place de receveur des domaines de Calvisson, vacante par la démission de M. Guiraud. Les connaissances qu'il s'est acquises dans cette branche de l'administration, les certificats de sa bonne conduite ; les lettres de recommandation de personnes distinguées ; voilà, Monseigneur, les seuls titres d'après lesquels il sollicite votre bienveillance.

Dans le doux espoir de voir agréer sa demande, il a l'honneur d'être avec le plus profond respect,

Monseigneur,

de votre Excellence,

Le très-humble et très-obéissant serviteur,

NICAUT.

A St. Hippolyte du Gard, le 21 Mai 1829.

PÉTITION

Adressée à Son Excellence le Ministre de l'Ins-
truction publique , pour l'obtention d'un
diplôme.

A Son Excellence le Ministre de l'Instruction publique.

Monseigneur ,

Jean, Gondaud, né à Ganges département de l'Hérault, le 27 juillet 1798, résidant depuis 9 ans dans la ville du Vigan, département du Gard ; promu par son Excellence, au grade de Bachelier ès-lettres et ès-sciences, a l'honneur d'exposer à Son Excellence que, désirant former un établissement à Suze-la-Rousse, département de la Drôme, à l'effet d'y enseigner les langues latine, grecque, et les mathématiques, il supplie, Monseigneur , de vouloir bien lui en donner l'autorisation, et d'être assuré qu'il se rendra digne de plus en plus de cette honorable confiance.

Dans le doux espoir de voir agréer sa demande, il a l'honneur d'être, avec le plus profond respect, etc.

PÉTITION

Adressée à un Préfet pour obtenir une réduction de la contribution foncière.

A Monsieur le Préfet du département du Gard.

Monsieur le Préfet,

Jean Montel, a l'honneur de vous exposer qu'il est porté sur le rôle de la contribution foncière à la somme de 144 f., à cause de quatre maisons dont il est propriétaire dans la commune de S.ᵗ-Hippolyte, que depuis 2 ans, un grand nombre d'appartemens dans ces maisons n'ont point été loués.

Il invite donc Monsieur le Préfet, de vouloir bien prendre en considération cette non allocation, qui cause au propriétaire un dommage réel, et de vouloir bien en même temps ordonner une diminution dans la somme de 144 f. à laquelle il est taxé pour la contribution foncière.

Dans le doux espoir de voir agréer sa demande, il a l'honneur d'être, etc.

PLACET

A un Comte pour lui demander sa protection.

A M. de Foi, comte de Rochegude.

M. le Comte,

Les bienfaits dont vous n'avez cessé de me combler semblent m'avoir enhardi à m'adresser de nouveau à vous, pour vous prier de m'accorder votre protection auprès de Son Excellence le Ministre des affaires étrangères, afin d'en obtenir la place que je sollicite depuis long-temps ; un seul mot de votre part suffira, et je suis presque assuré qu'à votre recommandation il m'accordera l'objet de ma demande.

Ce nouveau bienfait ne fera qu'accroître les sentimens d'estime et de reconnaissance, avec lesquels j'ai l'honneur d'être, etc.

DES QUITTANCES.

Qu'entendez-vous sous le nom de quittance?

J'entends sous le nom de quittance une déclaration par écrit que l'on donne à quelqu'un, et par laquelle on le tient quitte de quelque somme d'argent, ou de quelqu'autre objet. En voici quelques exemples :

Quittance de loyer de maison.

Je soussigné, Bertrand, reconnais avoir reçu de M. Gilet, la somme de cent quatre francs, pour le semestre du loyer de la maison qu'il tient de moi, ledit semestre écherra le 1.er Août 1829.

A Gange, le 1.er Janvier 1829.

BERTRAND.

Quittance d'un ouvrier.

Je soussigné, Michel, reconnais avoir reçu de M. Bancal, la somme de quarante-quatre francs pour travail fait chez lui pendant l'espace de quatre jours, à raison de onze francs par jour.

A Monnoblet, le 25 Juillet 1829.

MICHEL.

Quittance d'à-compte.

Je soussigné, Bernard, reconnais avoir reçu de M. Chaptal, la somme de quatre-vingt-quatre francs, pour à-compte de la somme de deux cents quarante-quatre francs dont il m'était redevable.

A Pompignan, le 26 Juillet 1829.

BERNARD.

Quittance donnée par une femme en l'absence
de son mari.

Je soussigné Dine, femme de Mayer, de lui
autorisée, reconnais avoir reçu de M. Grauge,
la somme de deux cents quarante francs, à compte
de ce qu'il doit à mon époux, par son obligation du 24 Juillet 1828. Je promets audit
M. Grauge, lui tenir et faire tenir compte sur
et en déduction de ladite somme de deux cents
quarante francs.

A Lasalle, le 18 Juillet 1829.

MAYER, née DINE.

———

Quittance pour les arrérages d'une rente.

Je soussigné, Ducros, reconnais avoir reçu
de M. Bouis, la somme de trois cents francs,
pour une année d'arrérages de la rente qu'il me
fait, échue le 1.er Mars dernier.

A Mende, le 1.er Juillet 1829.

DUCROS.

———

Quitt
> *ance d'une somme payée en blé.*

Je soussigné, Brumont, reconnais avoir reçu de M. Dannis, quatre salmées de blé, en payement de la somme de deux cents francs dont il m'était redevable.

A Ste. Croix, le 1.er Juillet 1829.

BRUMONT.

Quittance de fermage.

Je soussigné, Blanc, reconnais avoir reçu de M. Noir, tonnelier à Cros, la somme de quatre cents quarante-deux francs, pour le prix de l'année de fermage des vignes qu'il tient de moi, échue le 15 Janvier dernier.

A St. Hippolyte, le 5 Juillet 1829.

BLANC.

Reconnaissance d'un dépôt.

Je soussigné, Pin, aubergiste, déclare et reconnais avoir reçu aujourd'hui en dépôt, de M. Buis, la somme de mille francs, que je promets lui remettre à sa première réquisition, et en me rendant la présente reconnaissance.

A Ganges, le 22 Juillet 1829.

PIN.

DES PROMESSES.

Qu'entendez-vous sous le nom de promesse ?

J'entends sous le nom de promesse, une assurance que l'on donne par écrit, de payer une somme dont on est redevable ; en voici quelques exemples :

Promesse simple.

Je soussigné Berthieu, reconnais devoir et promets payer à M. Délord, le neuf Novembre prochain, la somme de quatre cents francs, valeur reçue comptant.

A St.-Hippolyte, le 24 Juillet 2829.

BERTHIEU.

Promesse solidaire.

Nous soussignés Nicaise et Mathieu, promettons payer solidairement l'un pour l'autre, le 15 Octobre prochain, à M. Dinon, médecin, la somme de quatre cents francs, valeur reçue comptant.

A Calvisson, le 25 Juillet 1829.

NICAISE, MATHIEU.

Promesse solidaire de deux époux.

Nous soussignés, Anselme et Berthe, mon épouse que j'autorise à l'effet des présentes, promettons payer solidairement à M. Nicolas, le 1.er Août prochain, la somme de trois cents vingt-deux francs, qu'il nous a prêtée cejourd'hui.

A Lyon, le 4 Juillet 1829.

ANSELME, BERTHE.

———

Promesse pour reste de somme due.

Je soussigné, Vitalis, reconnais devoir à M. Gand ; la somme de deux cents vingt francs, restante de celle de sept cents francs qu'il m'avait prêtée, laquelle somme je promets de lui payer dans l'espace de quatre mois.

A Cros, le 2 Janvier 1829.

VITALIS.

———

RECONNAISSANCE

Portant promesse de passer contrat de constitution d'une somme empruntée.

Je soussigné Benezet, reconnais que M. Michel m'a prêté la somme de mille francs pour employer à mes affaires commerciales, de laquelle somme de mille francs je lui promets de passer contrat de constitution à sa volonté, et cependant lui en payer l'intérêt légal à compter d'aujourd'hui.

A St.-Hippolyte, le 19 juillet 1829.

BENEZET.

DES BAUX.

Qu'entendez-vous sous le nom de Bail?

J'entends sous le nom de Bail, un contrat par lequel on donne une ou plusieurs terres à ferme, ou bien une ou plusieurs maisons à louer.

Bail d'une Ferme.

Nous soussignés Paul et Raoul, sommes convenus de ce qui suit:

Moi Paul, reconnais avoir baillé, et baille par le présent, à Raoul, à ce, présent et acceptant, pour six années consécutives, qui commenceront au 1.er janvier 1830, et finiront à pareil jour de l'année 1836, une maison de campagne située au terroir de la Jonquière, et consistant en trente-huit hectares de terres labourables, avec maison de fermier, écuries, pressoir, bergerie, etc.

(Il faut ici désigner chaque pièce en particulier, à quoi on les destine, et les divers particuliers qui la bornent, etc.).

A la charge par le preneur de bien ensemencer et conserver les terres sans les dessaisonner, ni souffrir aucune entreprise de la part des voisins ou propriétaires aboutissans. De faire toutes les réparations locatives aux bâtimens de la ferme, et de ne po uvoir retrocéder sans l'autorisation du bailleur ; en un mot, de maintenir en bon état tous les héritag es désignés au présent. Le présent bail est fait moyennant la somme annuelle de quinze cents francs, payable en trois termes égaux, de cinq cents francs chacun ; les premier Janvier, Mai, Septembre de chaque année, au payement de laquelle somme de quinze cents francs, l'accepteur s'oblige et oblige ses biens présens et à venir.

Fait double à Sauve, le 1.er janvier 1829, et ont signé les parties après lecture faite.

PAUL. RAOUL.

Bail d'une maison.

Entre M. Ami, propriétaire foncier, domicilié et habitant de Cros, d'une part ;

Et M. Pertuis, marchand drapier, domicilié et habitant de Monnoblet, d'autre part ;

A été convenu que ledit M. Ami, donne à titre de ferme audit M. Pertuis acceptant, la maison sise à Monnoblet composée de quatre pièces au rez de chaussée, cinq au 1. étage, quatre au second étage, et trois greniers au troisième étage; d'un lieu d'aisance et d'une cour. Ledit M. Pertuis s'oblige à soigner la maison et ses dépendances en père de famille, à garder le tout du feu et des gouttières. Il s'oblige aussi de laisser en bon état les vitres des croisées, portes à vitres, placards, etc.

Le présent bail est fait pour trois années consécutives, qui commenceront le 1.er Septembre 1829, et finiront à pareil jour de l'année 1832, au prix de quatre cent francs par année, payables de six en six mois et par avance.

Ledit M. Ami, s'oblige de son côté, à laisser jouir paisiblement de ladite maison, M. Pertuis, pendant lesdites trois années, bien entendu que M. Pertuis sera exact à remplir les engagemens auxquel il s'est volontairement soumis.

Fait double à Cros, le vingt-cinq Juillet 1829, et ont signé les parties après lecture faite.

AMI. PERTUIS.

PROCURATION POUR DONNER A FERME.

Je soussigné, Gignous, propriétaire foncier domicilié et habitant à Cros, constitue pour mon procureur M. Paul, faiseur de bas à Ganges, département de l'Hérault, que j'autorise, par ces présentes, à affermer les héritages qui m'appartiennent, sis en la commune dudit Ganges, consistant en cinquante-huit hectares de terres labourables, au sieur Nine, ou à tout autre, pour tel temps, prix, charges et conditions qu'il jugera à propos, de passer tous les baux nécessaires, recevoir tous fermages, donner quittances, poursuivre les débiteurs qui refuseraient de payer, les faire saisir, s'il est besoin, et faire en un mot ce qu'il trouvera bon et convenable.

A Cros, le 1.ᵉʳ juillet 1829.

DES MÉMOIRES.

Qu'entendez-vous sous le nom de mémoire ?

J'entends sous le nom de mémoire un état sommaire de divers articles fournis à crédit, par lequel on en demande le montant.

*Mémoire de divers articles de serrurerie faits et
fournis par M. Gervais, serrurier à St. Hippolyte, à M. Puech.*

Le 1.ᵉʳ *Janvier* 1829.

Deux tringles de croisée pour le salon à	2 f. 00 c.	4 f. 00 c.
Une serrure pour la porte d'entrée de son appart.ᵗ	» »	13 00
Deux espagnolettes de 7 pieds de longueur chaque, (le pied)	1 50	21 00
Deux balcons de 5 pieds (le balcon)	25 00	50 00
Total.		88 f. 00 c.

Reçu comptant le montant du mémoire ci-dessus,
le 15 Mars 1829.

GERVAIS.

*Mémoire de divers articles d'épicerie fournis à M.
Durant, par Bourras, épicier à Pompignan.*

Le 1.ᵉʳ *Janvier* 1829.

4 kilogrammes de poivre à 4 f. 50 c.   18 f. 00 c.

13

				Report.	18 f.	00 c.
8	idem	de chandelles	1 50	12	00
20	idem	de lentilles à 0	50	10	00

Le 15 *Février* 1829.

Une brique du savon, du		
poids de 10 kilog. à	1 50	15	00
40 kilogrammes de sel	0 40	16	00
	Total.	71 f. 00 c.

Reçu comptant le montant du présent mémoire, à Pompignan, le 25 Juillet 1829.

BOURRAS.

Mémoire de divers articles, fournis à M. Fontanés, par Manson, marchand drapier à Calvisson.

Le 15 *Mai* 1829.

4 mètres de velours cramoisi		
à (le mètre)	25 f. 00 c.	100 f. 00 c.
2 mètres 1/2 drap bleu de		
Louviers, pour habit à		
(l'aune)	40 00	100 00
5 mètres percale à (le mètre)	3 00	15 00
4 mètres 1/2 toile à (le mètre)	6 00	27 00
10 mouchoirs de poche à		
(le mouchoir)	3 50	35 00
6 cravattes à (la cravatte)	4 50	27 00
	Total.	204 f. 00 c.

Reçu comptant le montant du présent mémoire, à Calvisson, le 25 Juin 1829.

MANSON.

Mémoire des ouvrages de menuiserie faits et fournis à M. Nicodéme, par Bertrand, maître menuisier à Suze-la-Rousse.

Le 25 Mai 1829.

Pour une table en bois de noyer avec deux tiroirs	»f. » c.	24 f. 00 c.

Le 3 Juin 1829.

Pour 3 tables de nuit en bois d'acajou à (la table)	12 00	36 00

Le 15 Juin dite.

Pour 2 croisées de la salle à manger à (la croisée)	36 00	72 00
Pour un moulin à passer la farine	00 00	55 00
Total.		187 f. 00 c.

Reçu comptant le montant du présent mémoire à Suze-la-Rousse, le 1.er Juillet 1829.

BERTRAND.

DES LETTRES DE VOITURE.

Qu'entendez - vous sous le nom de lettre de voiture ?

J'entends sous le nom de lettre de voiture un écrit par lequel on annonce l'envoi que l'on fait à une personne de certains objets que l'on détermine, en désignant qui en est le porteur, quel est le poids de la marchandise et le déboursement que l'on doit faire audit porteur.

A St. Hippolyte, le 25 Juillet 1829.

P.-B.

n.° 4.

Nîmes.

A la garde de Dieu et conduite de Dumas, voiturier, de St. Hippolyte.

Je vous envoie une balle en toile et cordée contenant de la soie et rien autre chose, marquée comme en marge, pesant quatre-vingt douze kilogrammes; l'ayant reçue bien et dûment conditionnée en douze jours, à peine de perdre le tiers du prix de sa voiture que vous lui payerez à raison de cinq francs les dix kilogrammes pesant, et lui rembourserez un franc cinquante centimes pour papier et timbre de la présente.

Nota. Le voiturier n'est pas responsable de la rupture des glaces ni des choses fragiles, tant que les caisses malles ou balles ne sont point endommagées.

Votre dévoué serviteur,

BRUTUS.

A Monsieur
Mounet, nég.t à Nîmes.

DES LETTRES DE CHANGE ET BILLETS À ORDRE.

Qu'entendez-vous sous le nom de lettre de change ?

J'entends sous le nom de lettre de change un écrit qui se fait sur le quart d'une demi-feuille de papier à lettre, par lequel un négociant, marchand ou autre personne ordonne à quelqu'un d'une autre ville, de payer une somme à tel négociant ou autre personne , en lui fixant le jour du payement.

Que doit contenir une lettre de change ?

Une lettre de change doit contenir, 1.º le lieu où la lettre se fait , avec la date, et la somme en chiffres ; 2.º le terme ou le temps que la lettre doit être payée ; 3.º le nom de celui en faveur de qui ou à l'ordre de qui elle est faite ; 4.º la somme en écrit, en exprimant de qui et en quoi la valeur en a été reçue ; 5.º le nom et la place de celui à qui la lettre est adressée pour la **payer** ; 6.º la signature du tireur.

Donnez un exemple d'une lettre de change ?

Première.   A Nîmes , le 15 mai 1829. B. P. f. 1000 00 c.

Au premier Juillet prochain , il vous plaira

payer , par cette première lettre de change , à M. Cabanis, ou à son ordre , la somme de mille francs , valeur reçue comptant , que vous passerez, en compte , suivant l'avis de ,

Votre dévoué serviteur ,
PAULIN.

A Monsieur
Blanc , négociant ,
à Paris , rue Haute-Feuille , n.º 4.

Que fait connaître ce premier modèle ?

Ce premier modèle fait connaître qu'il est fait mention de trois personnes dans une lettre de change ; savoir, du tireur qui est Paulin ; Blanc , qui est l'accepteur, ou celui qui doit payer , et Cabanis , qui en est le possesseur et donneur de valeur, qui , par conséquent peut la céder ou la remettre à un autre , sans se servir d'un notaire pour faire un acte subrogatoire , en mettant seulement au dos de la lettre, payez à un tel ou à son ordre , avec la date et sa signature ; c'est ce qu'on appelle un endossement.

Peut-on charger une lettre de change de plusieurs endossemens ?

Une lettre de change peut être chargée de plusieurs endossemens , si elle est remise de la main à la main à plusieurs , jusqu'au temps où elle est présentée à l'accepteur par celui dont le dernier endossement fait mention, et qui, comme seul propriétaire de cette lettre, en demande la valeur à l'accepteur nommé Blanc, dans le modèle ci-dessus, lequel Blanc, accepteur doit payer au temps fixé.

Que doit faire le porteur à qui on refuse de payer une lettre de change ?

Dans le cas de refus de payement, le porteur doit faire protester la lettre de change, dans les vingt-quatre heures de l'échéance, sans quoi il ne pourrait avoir de recours contre les endosseurs.

Comment fait-on protester une lettre de change?

Pour faire protester une lettre de change, on fait venir un notaire ou un huissier chez celui sur qui la lettre est tirée, avec des témoins, pour faire un acte authentique qui prouve que lui, porteur de la lettre l'a présentée en son temps pour la faire accepter ou acquitter, mais que celui à qui elle est adressée a refusé d'y faire honneur, et qu'il proteste de tous dépens, dommages et intérêts qui sont dûs dès le jour du protêt, faute de payement, de même de ce qui peut en coûter pour prendre de l'argent à change et rechange.

Que faut-il faire ensuite ?

Il faut que le protêt soit dénoncé aux endosseurs qui habitent la même ville que le porteur, dans les quinze jours qui suivent l'échéance, et l'on a un jour en sus, par cinq lieues de distance.

Pourquoi dénonce-t-on le protêt aux endosseurs ?

Parce que faute d'acceptation , les endosseurs et le tireur sont respectivement tenus de donner caution pour assurer le payement de la lettre de change , à son échéance, ou d'en effectuer le remboursement avec les frais de protêt et de rechange.

A quoi s'engage celui qui accepte une lettre de change ?

Celui qui accepte une lettre de change contracte l'obligation d'en payer le montant.

Comment exprime-t-on l'acceptation ?

L'acceptation d'une lettre de change est exprimée par le mot accepté. Elle doit être signée et datée , si la lettre est à un an ou plusieurs jours de vue.

Comment peut être tirée une lettre de change?

Une lettre de change peut être tirée,

à un ou plusieurs jours
à un ou plusieurs mois   } de vue.
à une ou plusieurs usances.

à un ou plusieurs jours
à un ou plusieurs mois   } de date.
à une ou plusieurs usances.

à jour fixe ou à jour déterminé , de foire.

À quelle époque est payable la lettre de change à vue ?

La lettre de change à vue, est payable à sa présentation.

Par quelle date est fixée l'échéance d'une lettre de change ?

L'échéance d'une lettre
à un ou plusieurs jours
à un ou plusieurs mois } de vue.
à une ou plusieurs usances

Est fixée par la date de l'acceptation, ou par celle du protêt faute d'acceptation.

De combien de jours est l'usance ?

L'usance est de trente jours, qui courent du lendemain de la date de la lettre de change.

Si une lettre de change est payable en foire ou en un jour férié légal, quand est-ce qu'elle est payable ?

Si une lettre de change est payable en foire, elle échoit la veille du jour fixé pour la clôture de la foire, ou le jour de la foire, si elle ne dure qu'un jour. Si elle est payable en un jour férié légal, elle échoit également la veille.

Le payement d'une lettre de change est-il valable lorsqu'il est fait sur une seconde, troisième lettre ?

Le payement d'une lettre de change fait sur une seconde, troisième lettre, est valable, lorsque la seconde, la troisième, etc., porte que ce payement annulle l'effet des autres.

Comment s'effectue le rechange?

Le rechange s'effectue par une retraite.

Qu'entendez-vous par le nom de retraite?

J'entends sous le nom de retraite une nouvelle lettre de change, au moyen de laquelle le porteur se rembourse sur le tireur, où sur l'un des endosseurs, du principal de la lettre protestée, de ses frais, et du nouveau change qu'il paye.

Qu'entendez-vous sous le nom de billet à ordre?

J'entends sous le noms de billet à ordre, un écrit qui se fait sur le quart d'une demi feuille de papier à lettre, par lequel un négociant, marchand ou autre personne, s'engage à payer une somme à un tel ou à son ordre.

Que doit contenir un billet à ordre?

Un billet à ordre doit contenir, 1.º la date ; 2.º la somme à payer; 3.º le nom de celui à l'ordre de qui il est souscrit ; 4.º l'époque à laquelle le payement doit s'effectuer; 5.º la valeur qui a été fournie en espèce, en marchandise en compte, ou de toute autre manière.

Qu'est-il bon d'observer?

Il est bon d'observer, que toutes les dispositions relatives aux lettres de change, et concernant l'échéance, l'endossement, la solidité, le protêt, les devoirs et les droits du porteur, le rechange ou les intérêts, sont applicables aux billets à ordre.

Première lettre de change.

PREMIÈRE.　　A S.t-Hippolyte, le 15 Mai 1229, B. P. f. 1500 00 c.

Au quinze Septembre prochain, il vous plaira payer, par cette première lettre de change, à M. Blanquet, ou ordre, la somme de quinze cents francs, valeur reçue comptant, que vous passerez en compte, suivant l'avis de,

Votre dévoué serviteur,
GRÉGOIRE.

A Monsieur
Louis, négociant,
　A Nîmes.

Seconde lettre de change répondant à la première.

SECONDE.　　St.-Hippolyte, le 15 Mai 1829. B. P. f. 1500 00 c

Au quinze Septembre prochain, il vous plaira payer, par cette seconde lettre de change, (la première ne l'étant), à M. Blanquet, ou ordre, la somme de quinze cents francs, valeur reçue comptant que vous passerez en compte, suivant l'avis de,

Votre dévoué serviteur,
GRÉGOIRE.

A Monsieur
Louis, négociant,
　A Nîmes.

Lettre de change à vue.

PREMIÈRE.   Ganges , le 15 Juillet 1829. B. P. f. 2000 00 c.

A vue, il vous plaira payer , par cette première lettre de change à M. Dumas, ou ordre, la somme de deux mille francs , valeur reçue comptant , que vous passerez en compte suivant l'avis de ,

Votre dévoué serviteur ,

GRENADIER.

A Monsieur
Grand , négociant ,
A Marseille.

Lettre de change à plusieurs jours de vue.

PREMIÈRE.   S.t-Paul , le 25 Juillet 1829. B. P. f. 4000 00 c.

A quinze jours de vue , il vous.plaira payer , par cette première lettre de change , à l'ordre de M. Mourier , la somme de *quatre mille francs ,* valeur reçue en marchandises que vous passerez en compte , suivant l'avis de ,

Votre dévoué serviteur ,

MOURGUE.

A Monsieur
Bérenger, négociant ,
A Lyon.

Lettre de change à usance.

PREMIÈRE.   Paris . le 10 mai 18ꭧ9 , B. P. F. 3000 00 c.

A trois usances, il vous plaira payer, par cette première de change, à M. Tourton, ou à son ordre, la somme de trois mille francs, valeur reçue en marchandise, que vous passerez en compte, suivant l'avis de,

A Monsieur   Votre dévoué serviteur ,
Marc , négociant ,   Marion.
à Marseille.

Lettre de change payable en foire.

PREMIÈRE.   Nîmes , le 1.er mai 1829 , B. P. F. 1000 00 c.

A la foire de Beaucaire, il vous plaira payer, par cette première lettre de change, à M. Bouvier, ou ordre, la somme de mille francs, valeur reçue comptant, que vous passerez suivant l'avis de

A Monsieur   Votre dévoué serviteur ,
Brun , négociant ,   Bonne.
à Mondragon.

Billet à ordre, pour valeur reçue comptant.

Au quinze mai prochain , je payerai à M. Granier, ou ordre, la somme de huit cents francs, valeur reçue comptant.

A Lasalle , le 19 mars 1829.

B. P. F. 800 00 c.   NÈGRE.

Billet à ordre pour valeur en marchandise.

A trois usances, je payerai à M. Nicolas , ou ordre, la somme de quatre cent cinquante-quatre francs , valeur reçue en marchandises.

A St-Hippolyte , le 29 mai 1829.

B. P. F. 454 00 c.   BLAISE.

Mandat.

Nimes , le 20 juillet 1829. B. P. F. 2000 00 c.

A quinze jours de vue , je vous prie de payer contre le présent mandat, à M. Valette , la somme de deux mille francs , de laquelle nous vous tiendrons compte à la première occasion ; vous obligerez

A Monsieur   Votre dévoué serviteur ,
Méjan , négociant ,   BUIS.
à Montpellier.

DES LETTRES DE COMMERCE.

Lettre d'avis de l'expédition de marchandises.

Ganges , le 15 juillet 1829.

Monsieur ,

J'ai l'honneur de vous prévenir que je vous ai expédié aujourd'hui, par la voie du messager de notre ville , pour vous être rendue en quatre jours, une balle en toile et cordée, marquée B. P. , n.º 6, Lyon , dans laquelle sont contenues les marchandises désignées dans la facture ci-jointe.

Aussitôt que vous l'aurez reçue, vous voudrez bien, m'en faire passer le réglement en votre billet à sept mois de terme, comme nous en sommes convenus.

J'ai l'honneur , dans cette attente , de vous saluer très-respectueusement ,

GRANIER.

FACTURE.

Doit M. Bourre, marchand-drapier à Lyon, à Granier , marchand-drapier à Ganges, les marchandises suivantes , expédiées comme il est dit ci-dessus.

6 pièces d'olive , à	450 f. 00 la pièce	2700 f.	00
8 *idem* bleu de ciel , à 800. . . .		6400	00
2 *idem* superfin , à 1000. . . .		2000	00
4 *id.* vert dragon, à 140. . . .		560	00
6 *id.* gris de fer, à 800. . . .		4800	00
Total.		16460	

Lettre pour accuser la réception de marchandises.

Lyon, le 30 juillet 1829.

Monsieur,

J'ai l'honneur de vous accuser, par la présente, la réception de la balle que vous m'avez expédiée, contenant vingt-six pièces de draps, montant ensemble à la somme de 16460 f., comme il est désigné dans votre facture jointe à votre lettre en date du 25 du présent mois.

Vous trouverez ci-joint mon billet à sept mois de terme pour solde, ainsi qu'il en a été convenu.

J'ai l'honneur de vous saluer respectueusement,

BOURRE.

Autre lettre d'avis de l'expédition de marchandises.

Lyon, le 20 juillet 1829.

Monsieur,

J'ai l'honneur de vous prévenir que d'après votre lettre, en date du 12 du courant, j'ai remis aujourd'hui au messager de votre ville, pour partir demain et vous être rendue en dix jours, une balle marquée L. G., N.° 4, dans laquelle sont contenues les marchandises désignées dans la facture ci-jointe.

J'aime à croire que vous serez très-satisfait de la qualité des marchandises et de la célérité que j'ai mise à vous les expédier.

C'est le plus doux et le plus vif désir de celui qui se plaît à se mettre au rang de vos plus dévoués serviteurs.

AIGOIN.

FACTURE.

Doit M. Blondin de St. Hippolyte à Aigoin épicier à Lyon, les marchandises suivantes expédiées, comme il est dit ci-dessus.

20 kilogrammes de chocolat, à f. 5	00^c	100^f	00^c
30	idem	de poivre, à	4	50	135	00
50	idem	de sucre, à	2	50	125	00
80	idem	de café, à	1	50	120	00
60	idem	de poudre, à	6	00	360	00
		Total.			840#	00^c

Lettre pour accuser la réception.

St. Hippolyte, le 30 Juillet 1829.

Monsieur,

J'ai l'honneur de vous accuser, par la présente, la réception des marchandises que je vous avais demandées par ma lettre en date du 12 du courant.

14

J'ai été très-satisfait de la qualité des divers articles et de la célérité que vous avez mise à m'en faire l'envoi.

Vous trouverez ci-joint un billet à six mois de terme.

J'ai l'honneur de vous saluer très-respectueusement.

BLONDIN.

F I N.

TABLE DES MATIÈRES.

page.

Définitions préliminaires de l'Arithmétique. 7

De la Numération. 9

De l'Addition simple. 11

De la Soustraction simple. 12

Preuve de la Soustraction. 14

Preuve de l'Addition. . . . . id.

De la Multiplication simple. 15

De la table de Multiplication. 16

De la preuve de la Multiplication. . . 18

De la Division simple. 19

De la preuve de la Division. 21

Des Fractions. . . . . id.

De la réduction des Fractions à une même
dénomination. 23

De l'Addition des Fractions. 29

De la Soustraction des Fractions. . . 31

De la Multiplication des Fractions. . . 33

De la Division des Fractions. 35

De la réduction des Fractions Arithmétiques
en Fractions décimales. 36

Des nouvelles Mesures et des nouveaux Poids. 38

Des Calculs décimaux. 42

De l'Addition décimale. 43

De la Soustraction décimale. 45

De la Multiplication décimale. . . . . . id.

De la Division décimale. 46

Des nombres complexes, Addition, Soustraction, Multiplication et Division. . 48

Des proportions ou règles de Trois. . . 56

De la règle de Trois simple et droite. . . 58

De la règle de Trois simple, inverse. . . 60

De la règle de Trois double. 62

De la règle de Société. 66

De l'abréviation des règles de Société. . 70

De la règle d'Intérêt. 71

Questions diverses qui peuvent se donner
sur la règle d'Intérêt. 74

De la règle d'Escompte. 75

De la règle de Tare. 78

De la règle de Change. 80

De la règle de Courtage ou de Commission. 85

De la règle d'Assurance. 87

De la règle d'Avarie. 88

De la règle de grosse Aventure. . . . 89

De la règle de Troc. 91

De la règle de Mélange. 93

De la règle Conjointe. 95

De la manière de trouver les Intérêts des
Intérêts d'un capital quelconque. . . . 101

De la racine Carrée. 104

De la racine Cubique. 111

Des Dimensions. 119

Des règles de fausse position. 131

Réduction de la valeur des Monnaies étrangères d'Or et d'Argent en Monnaie de
France. 138

De la valeur des nouvelles Mesures avec
les anciennes. 143

Des Aunes en mètres. . . . . id.

Des Toises en mètres. . . . . id.

Des Pieds en décimètres. . . . . . id.

Des Pouces en centimètres. 144

Des Livres poids de marc en kilogrammes. id.

Des Onces en Décagrammes. . . . . . id.

Tableau comparatif des sous et deniers en
centimes. 145

Réduction des Pieds en Pans. . . . . id.

Diverses questions amusantes et instructives. 146

Modèles de Pétitions, Quittances, Promesses, Baux, Mémoires, lettres de
voiture, etc. 177

Des Pétitions. . . . . id.

Pétition adressée à Son Excellence le Ministre de l'Intérieur. 180

Pétition adressée à Son Excellence le Ministre de l'Instruction publique. . . 181

Pétition adressée à un Préfet. 182

Placet adressé à un Comte. 183

Des Quittances. . . . . id.

Quittance de loyer de Maison. . . . 184

Quittance d'un Ouvrier. . . . . . . id.

Quittance d'A-compte. 184

Quittance donnée par une femme en l'absence de son mari. 185

Quittance pour les arrérages d'une rente. id.

Quittance d'une somme payée en blé. . 186

Quittance de fermage. . . . . id.

Reconnaissance d'un Dépôt. . . . . . id.

Des promesses. 187

Promesse simple. . . . . id.

Promesse solidaire. . . . . id.

Promesse solidaire de deux époux. . . 188

Promesse pour reste de somme due. . . id.

Reconnaissance portant promesse de passer
contrat de constitution d'une somme
empruntée. . . . . id.

Des Baux. . . . - 189

Bail d'une ferme. - . . . . id.

Bail d'une maison. 190

Procuration pour donner à ferme. . . . 192

Des Mémoires. . . . . id.

Mémoires de serrurerie. 193

Mémoire d'épicérie. . . . . id.

Mémoire de draperie. 194

Mémoire de ménuiserie. 195

Des lettres de Voiture. . . . . id.

Lettre de voiture d'une balle de Soie. . 196

Des lettres de Change et des billets à Ordre. 197

Première lettre de Change. 203

Seconde lettre de Change répondant à la
première. . . . . id.

Lettre de Change à vue. 204

Lettre de Change à plusieurs jours de vue. id.

Lettre de Change à usance. 205

Lettre de Change payable en foire. . . id.

Billet à Ordre, pour valeur reçue comptant. id.

Billet à Ordre pour valeur en marchandises. 206

Mandats. . . . . id.

Des Lettres de commerce. . . . . . id.

Lettre d'Avis d'expédition de marchandises. id.

Lettre pour accuser la réception de marchandises. 208

Autre Lettre d'avis. . . . . id.

Autre Lettre pour accuser la réception. 209

FIN de la Table.

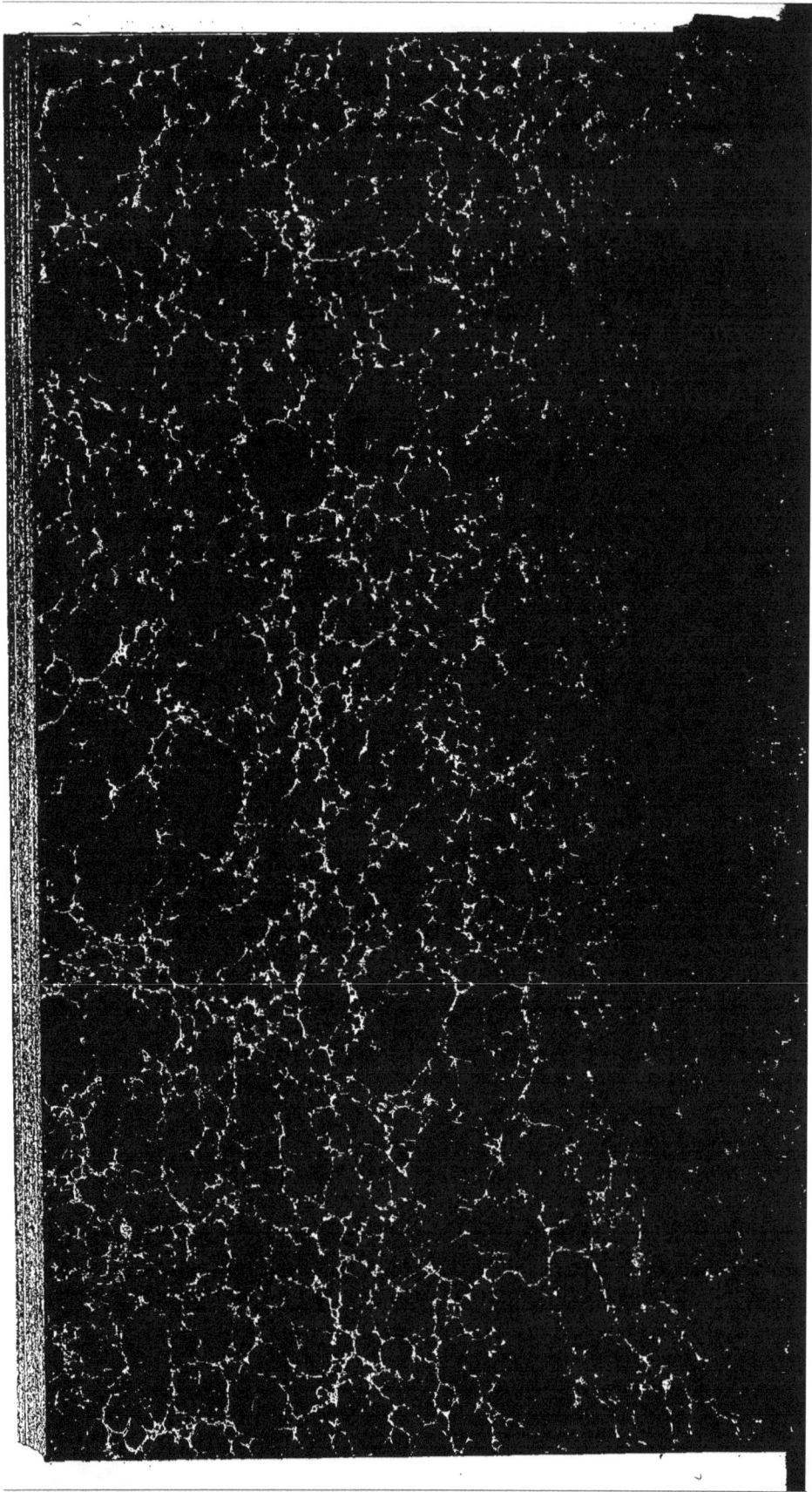

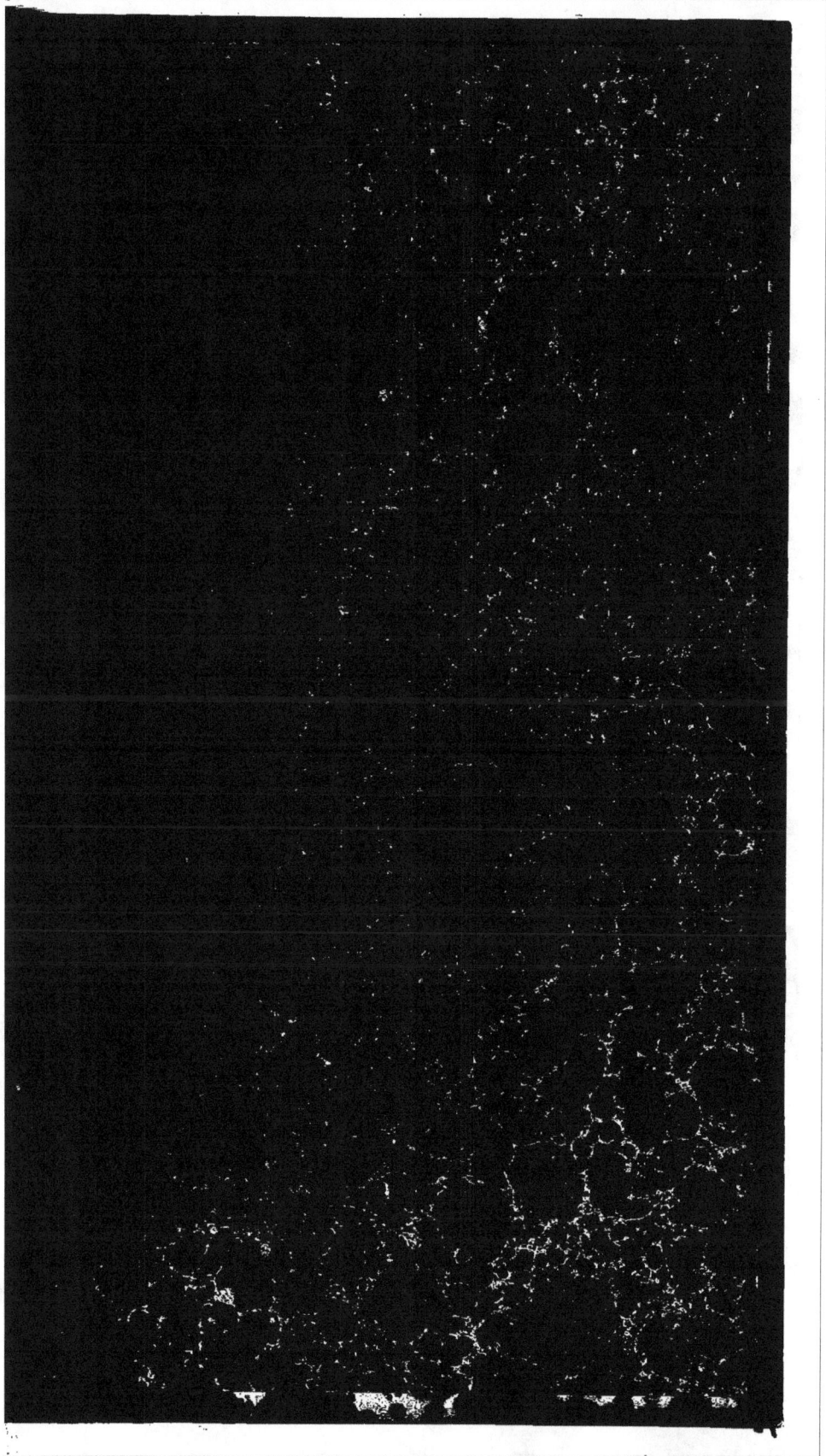

www.ingramcontent.com/pod-product-compliance
Lightning Source LLC
Chambersburg PA
CBHW072305210326
41519CB00057B/2687